公理化热力学基础教程

AXIOMATIZED THERMODYNAMICS BASIC COURSEBOOK

赵兴龙 主编

哈爾濱工業大學出版社

内 容 简 介

公理化热力学是全新的热力学理论体系，它使热力学的概念更加清晰，且以热力学第一定律为公理；它依据气体的热力图、表以及工程实践的数据，依靠逻辑、数学演绎加以推导；它如同欧氏几何、牛顿力学一样依靠演绎推导导出未知；它指导热能工程进行新实践.

书中供非本专业读者学习的内容有：可逆过程、不可逆过程、超可逆过程的数学定义；热力学第一定律推导出热力学第二定律；超可逆过程的发现及推导出热力学第二定律的反例，等等. 本书还介绍了电流不能带走热量的道理以及半导体制冷片的实质. 借助这些内容可以改变人们对“自然界总是熵增”的历史形成的认识. 书中供本专业读者学习的创新内容非常丰富，实用意义巨大，如对气体绝热上升的计算得出绝热减熵流动的结论，将其用于气体旋涡，可实现零排放大规模发电工程.

本书的读者对象很广泛.

文科读者可学习其中的逻辑、理性，对自然基本认识的科普，而提高思想境界；理科读者可了解更深刻的内容；能源专业工作者可获得设计新能源的灵感，从而大胆地实践，运用于工程.

图书在版编目(CIP)数据

公理化热力学基础教程/赵兴龙主编. —哈尔滨：哈尔滨工业大学出版社，2013.12

ISBN 978-7-5603-4461-4

Ⅰ.①公… Ⅱ.①赵… Ⅲ.①公理(数学)—应用—热力学—高等学校—教材 Ⅳ.①O414.1

中国版本图书馆 CIP 数据核字(2013)第 287380 号

策划编辑 刘培杰 张永芹
责任编辑 张永芹 齐新宇
封面设计 孙茵艾
出版发行 哈尔滨工业大学出版社
社　　址 哈尔滨市南岗区复华四道街 10 号 邮编 150006
传　　真 0451-86414749
网　　址 http://hitpress.hit.edu.cn
印　　刷 哈尔滨市工大节能印刷厂
开　　本 850mm×1168mm 1/32 印张 2.25 字数 59 千字
版　　次 2013 年 12 月第 1 版 2013 年 12 月第 1 次印刷
书　　号 ISBN 978-7-5603-4461-4
定　　价 58.00 元

目　录

第一章 公理化热力学,基本概念清晰化

第一节 总 则

1. 研究对象是 1 kg 气体(或工质、系统[1]).

2. 以热力学第一定律为公理.

3. 基本概念清晰化.

4. 重要定义数学化.

5. 用数学式表示结论.

6. 有关公理化热力学的书目:

资料(1):《公理化热力学的数学基础》,哈尔滨工业大学出版社,2012 年第 2 版,赵兴龙主编.

资料(2):公开出版物《专利公报》,专利申请公布号 CN10316150A,申请公布日 2013. 06. 19,发明名称《让气体过程功 $dw > pdv$ 的透平装置》.

第二节 热力学第一定律

1. 封闭系统

$$dq = du + dw \tag{1-1}$$

其中 q 为热量,u 为内能,w 为机械能,本书称作功. 即:1 kg 气体吸

---

① 工质、系统指这 1 kg 气体.

收的热量等于内能的增量与对外做功之和.

2. 稳定流动

$$u_1 + p_1 v_1 + q + \frac{1}{2}A_1^2 - hg - w = u_2 + p_2 v_2 + \frac{1}{2}A_2^2 \quad (1-2)$$

其中 p 为气体的压强,v 为气体的比体,A 为活塞的面积,h 为气体的高程,g 为重力加速度. 即:1 kg 气体进入系统,在系统内吸热、做功的总能量等于流出系统的总能量.

3. 公式(1-2)化为公式(1-1)的形式

$$q = (u_2 - u_1) + (\frac{1}{2}A_2^2 - \frac{1}{2}A_1^2 + hg + w) + (p_2 v_2 - p_1 v_1) \quad (1-3)$$

即:等式左边是吸收的热量,等式右边第一项是内能增量,第二项是功. 功分为动能、重力势能、驱动轴转动的轴功、推动气体流动即进入系统、离开系统的推进功. 式(1-3)的特点:热量 q 不用微分表示.

4. 研究热力学的目的是为了得到尽可能多的功.

热量、内能转变为功需要人为的复杂的装备,而功转变为热或内能是自动的,随时会发生.

热力学第一定律是能量守恒定律,特别要关注的是功,不能把已是功的东西归到内能中去. 凡不是热量、内能,就是功.

5. 关于功.

功由热力学第一定律定义,称作过程功. 研究气体稳定流动,从式(1-3)看出,动能、重力势能、轴功、推进功的总和是过程功. 研究特殊问题,一般可以列出热力学第一定律的方程式,于是就给出了功:一般是动能、力乘距离的功、势能、电能等,这些可以互相转换,并且转换效率理论上是100%.

第三节　气体做功的模型

1. “活塞气缸”模型.

“活塞气缸”模型所做的功 dw 不会大于 pdv.

2. 气体流动.

(1) 以“活塞气缸”模型作类比，有 $dw \leqslant pdv$.

(2)“气杯量筒”模型用于气体在气柱（重力场）中，在重力作用下往高升或下降，$dw \leqslant pdv$，$dw > pdv$ 都可以出现.

(3) 还有其他模型讨论流动气体做功，参见“等温吸热量论文”、“饱和蒸汽在喷射中加热讨论”等，都可出现 $dw > pdv$.

第四节　可逆过程、不可逆过程、超可逆过程

1. 热力过程. 气体的状态变化称作过程，这个过程会产生功.

2. 研究热力学的目的是得到尽可能多的功及研究热量的传递. 由热力学第一定律得知，不是热量、内能就是功 w，用微分表示为 dw. 热力学发展至今，“活塞气缸”模型是唯一的气体做功模型，dw 总是小于或等于 pdv，把 $dw = pdv$ 称作可逆过程. 不管这个过程能不能倒回去，怎样倒回去，$dw = pdv$ 就是定义为可逆过程. 用“活塞气缸”模型获得尽可能多的功的最优方式是可逆过程.

3. 可逆过程的定义：$dw = pdv$.

热量，总是“自动”的，从高温物体传向低温物体. 这种可逆过程就定义为：“传热无温差”，且“过程无摩擦”（因摩擦，让可能产生的功转变为热量）. “传热无温差”是可逆过程的必须条件，本教程重点研究系统（工质）本身的性质（公理化热力学研究的重点是工质），所以，今后讲可逆过程，不再提到“传热无温差”这几句话，也指的是可逆过程“传热无温差”.

“过程无摩擦”是指在做功过程中，没有功转变为热量. 我们

之前还认为，可逆过程一定是准静态过程，在研究（实验）气体流动、气体在缩放喷管中喷射、气体产生的动能时，动能是过程功的一部分. 实验数据表明，气体流动过程产生的过程功可以达到 $\mathrm{d}w = p\mathrm{d}v$. 而气体流动是非准静态过程. 所以，可逆过程可以是非准静态过程.

4. 不可逆过程的定义：$\mathrm{d}w < p\mathrm{d}v$.

这一定义很容易理解，不可逆过程因为有摩擦，让可能产生的功 $p\mathrm{d}v$ 有一部分转化热量，所得的净功就为 $\mathrm{d}w < p\mathrm{d}v$.

5. 超可逆过程的定义：$\mathrm{d}w > p\mathrm{d}v$.

我们一直认为，不可能有 $\mathrm{d}w > p\mathrm{d}v$ 的情况出现，但是，在热力学指导下，随着工程热力学的发展、热能工程的大量实践以及各种气体的热力数表的出现都使人们相信必定产生“气体往高升，焓耗尽，气体不需冷却全部变为低温液体”这种结果. 于是，必定会有 $\mathrm{d}w > p\mathrm{d}v$ 的情况，而实际也提出了多种可信服的实验模型，都出现 $\mathrm{d}w > p\mathrm{d}v$ 的情况. 所以，把 $\mathrm{d}w > p\mathrm{d}v$ 定义为超可逆过程.

第五节　热力学基本公式

1. 计算式 $\frac{\mathrm{d}q}{T}$.

一般的，物体吸收热量，温度就升高了，所以，T 是变量（T 为热力学温度），热量就要用微分表示.

一般的，T 是环境温度，由于我们事先声明公理化热力学没有特别指明就把 T 当作系统温度.

一般的，功也可以转变为热量，但在计算式 $\frac{\mathrm{d}q}{T}$ 中，热量是纯热量，不是由功转变的热量.

2. 计算式 $\int_{1-2}\frac{\mathrm{d}q}{T}$.

这是一个特殊的积分式,通过对热力过程的理解,最终化成通常的积分$\int_1^2 f(x)\mathrm{d}x$的形式.

3. 熵的定义,热力学基本公式.

我们思考可逆过程 $\mathrm{d}w = p\mathrm{d}v$,受此启发,能否引入一个 $\mathrm{d}s$ 让可逆过程 $\mathrm{d}q = T\mathrm{d}s$,于是,有了热力学基本公式

$$T\mathrm{d}s = \mathrm{d}u + p\mathrm{d}v \tag{1-4}$$

将式(1-4)与式(1-1)比较,等式右边的 $\mathrm{d}w$ 换成了 $p\mathrm{d}v$,因为热力学基本公式(1-4)是讲可逆过程的,因此

$$\mathrm{d}q = \mathrm{d}u + p\mathrm{d}v \tag{1-5}$$

是热力学第一定律在可逆过程时的公式.

不可逆过程. 因为 $\mathrm{d}w < p\mathrm{d}v$,所以有

$$\mathrm{d}q < \mathrm{d}u + p\mathrm{d}v \tag{1-6}$$

式(1-6)是不可逆过程的热力学第一定律的公式,而

$$\mathrm{d}q > \mathrm{d}u + p\mathrm{d}v \tag{1-7}$$

则是超可逆过程的热力学第一定律的公式.

再看基本公式(1-4),它对于可逆过程、不可逆过程及超可逆过程永远是恒等式.

这些都是有趣的问题,在后面还有深刻的讲解.

第六节　热力学第二定律

热力学第二定律是一个非常普及的科学定律. 我们历来把热力学第二定律当成一个如同公理一般的基本的自然规律. 人们是这样认识公理的,如:人能长生不死吗?不用烧料能获得动力吗?于是,产生了热力学第二定律.

而公理化热力学,它依据不可逆过程 $\mathrm{d}w < p\mathrm{d}v$,可逆过程 $\mathrm{d}w = p\mathrm{d}v$ 推导了热力学第二定律;接着因为有超可逆过程 $\mathrm{d}w > p\mathrm{d}v$,因而推导了热力学第二定律的反例.

第二章　引子：$dq \leqslant du + pdv$ 是当今热力学的基础

第一节　热力学是人类对自然的根本认识之一

在中学物理中就开始有热、内能等内容；在高中物理中就有热力学第一定律中的能量守恒等内容. 能量守恒、热力学第一定律的表达式为 $dq = du + dw$，可逆过程的表达为 $dq = du + pdv$，不可逆过程的表达式为

$$dq < du + pdv \tag{2-1}$$

如能量守恒用不等式(2-1)表达，就有很多人不理解，可这就是热力学基本公式

$$Tds = du + pdv \tag{2-2}$$

将不可逆过程 $Tds > dq$ 代入式(2-2)得到式(2-1). 式(2-1)还可以变为

$$pdv > dq - du \tag{2-3}$$

不等式(2-1)已难于理解，不等式(2-3)更难于理解. 为分析难于理解的原因，笔者作了大量的调查、翻阅了大量物理教科书. 大多数物理书中都不把式(2-2)当作恒等式，只当它在可逆过程成立，不可逆过程不成立. 笔者又翻阅了大量的工程热力学教科书，终于找到两本（一本是国外译本，一本是东南大学出版社出版的）指明式(2-2)是恒等式，对不可逆过程也成立. 笔者所主编的书籍详细讨论了式(2-2)是恒等式的情形（参见资料(1)）.

热力学基本公式 $Tdq = du + pdv$ 是恒等式. 我们发现："流动

着的气体,其吸热量要大于静态过程条件下的吸热量(可以称作热容量)."因此有式

$$dq > du + pdv \quad (2-4)$$

及

$$pdv < dq - du \quad (2-5)$$

热力学是人类对自然的基本认识之一,是人们必须了解的知识.不了解这些基本知识,迷信、愚昧就占领我们所缺失的科学"阵地",就阻碍社会的进步.

为此,特作《公理化热力学基础教程》,促进社会大众更快地接受正确的热力学基本公式,改善我们大学的热力学教育.讲解不等式(2-3),(2-4)作为本书的引子.

不等式(2-3)的讲解:热力学第一定律的数学表达式 $dq = du + dw$ 对可逆过程、不可逆过程以及任意的未知的过程都成立.

因此不可逆过程(2-3):$pdv > dq - du$,是因为 $dw < pdv$ 所至.此两式还应满足 $dw = dq - du$.

讲解式(2-4):$dq > du + pdv$,这是火箭喷射实验的某种等温喷射条件下的气体吸热量的计算结果,是自然现象的发现,它符合能量守恒,即热力学第一定律

$$dq > du + pdv$$

这就是 $dw > pdv$,它为超可逆过程.当讲解流动着的气体其热容量增大时,专家们应对:是的.而当推导出 $dw > pdv$ 时,就无人敢认为正确.

第二节　假想的故事

科学总是理性的,必须经过严格推理.根据自然发现($dq > du + pdv$)推导出 $dw > pdv$ 必须去接受.资料(1)指出了多种条件下都会出现 $dw > pdv$.现在再举一例,用科普的方式引人入胜.

温州"七二三动车事故"当晚,风雨雷电交加(温州还经常有

不下雨,光雷电的时候. 这种闪电的云层很高,雷声已难于传远,也不下雨,叫干雷),用公理化热力学解释雷电:空气与微型的水珠摩擦生电.

现在,作一个假想实验,设想 1 m^3 或 100 m^3 的容器处于失重状态(这容器的容积是不变化的),在容器中有空气、鹅毛或一种与空气摩擦能产生摩擦电的物质,并且成灰霾状态,鹅毛被撕碎成纳米颗粒状态在空气中作布朗运动,空气分子碰撞,摩擦颗粒,产生电;电积累,放电,产生光、高热、震动. 这样,根据热力学第一定律,光、震动(就是电能) 是机械功 w,于是 $\mathrm{d}q = \mathrm{d}u + \mathrm{d}w, \mathrm{d}w > 0$,而体积,即容器的容积没有变化,这就是 $\mathrm{d}w > p\mathrm{d}v$ 了.

当 $\mathrm{d}w > p\mathrm{d}v$ 出现,事情就变得很奇怪,容器中的气体与鹅毛,因布朗运动及气体分子的碰撞摩擦发电,再向外界传出光与震动,能量不断输出外界,直至容器中的灰霾状的气体温度越来越低,以至于气体分子碰撞摩擦越来越微弱,直到摩擦生电的电压低到不能放电为止. 而这时,外界向容器中的空气传进热量,才又周而复始:碰撞摩擦放电 — 停止放电 — 向外界吸热 — 碰撞摩擦放电.

如果没有公理化热力学,这种“周而复始的放电” 是不可想象的. 而有了公理化热力学,人们的思想解放了,可以想象了.

研究热电偶产生电流,特别是半导体制冷片,如果没有公理化热力学的理论武器,你必须编造个“电流带走熵流” 的理论. 一个没有质量的东西(电流) 要带走热量 —— 不可触摸的东西,带走热 —— 不可想象的事,而依靠热力学第二定律,让人相信此事为真. 这是热力学第二定律把科学弄得荒谬.

注意:辐射可以带走热量,可以带走熵流. 热辐射是人们熟知的传热现象之一,可以实验检测. 而电流带走热量,科学共同体(科学界、专业的传热学科学家、科普工作者) 不承认,也没有任何实验证明了“电流带走热量”.

第三节　公理化热力学

从2004年内部刊物《温州发电》刊出“气体流动吸热量计算的一个迷惑”至今才9年；从2006年中国电力出版社出版的《简明工程热力学基础——火电厂工程师必读》至今才7年；从2010年、2012年哈尔滨工业大学出版社出版的《公理化热力学的数学基础》第1版、第2版至今分别才3年、2年，而传统热力学有着号称200年的千锤百炼. 现在，需要培训公理化热力学的老师，需要公众支持. 这是一本原创性的，介绍公理化热力学的教程，它建立在前人的传统热力学的基础上. 凡传统热力学书籍可找到的知识，本书不编入，曾经在笔者主编的资料(1)、资料(2)中所讲叙的内容也不编入，让读者自己去搜集这些相关书籍. 本书是笔者已发表的科学内容的补充. 本书自成系统，让人们有效地学会公理化热力学的基本内容. 本专业的读者学习学术，非本专业的读者学习书中的科普，就都可以用公理化热力学知识取替原了解的传统热力学知识.

第三章　公理化热力学简述

第一节　公理化热力学史

热力学分为物理热力学、工程热力学，是相同的热力学方向（理论体系），但侧重不同. 物理热力学重理论，以理论指导人类对自然的认识. 工程热力学的重点在热力工程，重在为热能的动力及制冷工程服务.

热力学是经验的学科，是人类热能工程实践总结而形成的学科. 学科走向成熟，必然向公理化发展，而热力学向公理化发展，从我国的热学教育发展可以看出. 从新中国第一代热力学教授王竹溪（北京大学教授、副校长、学部委员）教授的热学著作，到当今的林宗涵（北京大学）教授的著作，表现的就是往公理化方向的发展. 工程热力学方面，严家录（哈尔滨工业大学教授，国家教指委副主任）教授的著作明确指出对传统热力学的“逻辑倒置”，即先引入熵是状态函数再介绍热力学第二定律的意义，且就“直接证明”任意气体的熵是状态函数为热力学公理化试探，而引以为荣.

当今学者，一部分认为热力学已是公理化学问，他们以林宗涵教授的著作为例，另一部分则认为热力学不能如同牛顿力学、欧氏几何一般成为公理化学问，他们以通常的热力学教程为例. 当一门学科的基本概念还不清晰的时候，不可能形成公理化学科，如将其当作公理化学科，产生的后果是危害该学科！因为当用模糊的概念（甚至是错误的认识）进行推演，得出结论，再把此结论当作真理，并以此真理来认识自然、指导热能动力工程时，就产生了严重的危害.

让概念清晰是走向公理化热力学的第一步,热力学中最重要的热力学概念是可逆过程、不可逆过程.

严家录教授在1980年定义了可逆过程:“过程无摩擦,传热无温差”. 这让可逆过程的概念变得清晰了. 传热无温差,这已是数学语言,指出热源温度与系统温度相同. 严家录教授用半数学语言定义了可逆过程,已属先进. 用全数学语言定义可逆过程,出现在《公理化热力学的数学基础》一书中. 传热无温差(以后省略这句话),再加上过程功 $\mathrm{d}w = p\mathrm{d}v$, 这样, 可逆过程就成了一个数学公式.

在用数学语言定义可逆过程、不可逆过程之前,人们还发现了 $\mathrm{d}w > p\mathrm{d}v$ 的奇怪过程,现在,称此过程为超可逆过程.

超可逆过程(数学定义是 $\mathrm{d}w > p\mathrm{d}v$) 的发现,首次出现在2006年9月,中国电力出版社出版发行的《简明工程热力学基础——火电厂工程师必读》这一著作中. 早此一年,新华社作了报导,内部读物《温州发电》在2004年就已刊出. 自2001年起,笔者就已向包括中国科技大学、清华大学、北京大学、浙江大学、武汉大学、中山大学等作超过三十次的科学宣传(包括征求意见),超可逆过程 $\mathrm{d}w > p\mathrm{d}v$ 的发现,仅500字就可以讲解得很清楚,称作“等温吸热量500字论文”,此论文有多种文字版本,在此写下早期的版本.

从火箭发动机的研究得知,燃烧喷射通过缩放喷管从低于音速到超过音速喷射,可以让流动的气体增温,也可以让它绝热. 现在讨论等温喷射(讨论每千克气体).

如图3.1所示,缩放喷管在两个截面(截面1、截面2) 的面积相等,它们的流速 A_1, A_2 之比等于比体 v_1, v_2 之比,有

$$\frac{A_2}{A_1} = \frac{v_2}{v_1}$$

因为这种喷射为等温过程,用理想气体计算,那么可逆过程的等温

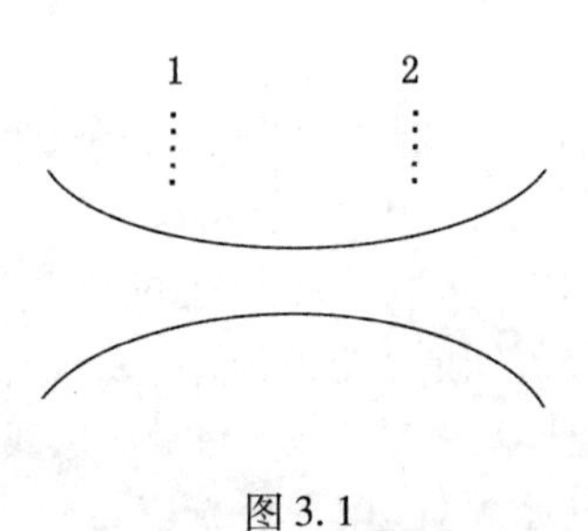

图 3.1

吸热量 $q = RT\ln\frac{v_2}{v_1}$（把空气当成理想气体，则 $R = 287$，单位为 J/kg · K）.

现在用能量守恒定律计算其等温吸热量

$$\frac{1}{2}A_2^2 - \frac{1}{2}A_1^2 = Q$$

若 A_1 略小于音速 $\sqrt{KRT}$，令 $A_1 = 0.95\sqrt{KRT}$，A_2 则大于音速，$A_2 = X\sqrt{KRT}$，其中 X 是大于 1 的某个数. 先让 $X = 1$，计算吸热量

$$\begin{aligned} Q &= \frac{1}{2}A_1^2\left[\left(\frac{A_2}{A_1}\right)^2 - 1\right] \\ &= \frac{1}{2} \times 0.95 \times 0.95 \times KRT\left[\left(\frac{1}{0.95}\right)^2 - 1\right] = 0.7RT \end{aligned}$$

这是实际等温吸热量，也是实际过程功 w.

而可逆过程的等温吸热量仅为 0.051 29RT，远小于 0.7RT，则

$$RT\ln\frac{v_2}{v_1} = RT\ln\frac{A_2}{A_1} = RT\ln\frac{1}{9.5} = 0.051\,29RT$$

前面是 $A_2 = X\sqrt{KRT}$（令 $X = 1$ 计算的），若 $X > 1$ 时，实际吸热量更多，有 $\frac{1}{2}A_1^2\left[\left(\frac{X}{0.95}\right)^2 - 1\right]$，对 X 求导数得 $A_1^2\frac{1}{0.95^2}X$. 当 $X \geqslant 1$ 时，其随 X 增大而增大，而 $RT\ln\frac{X}{0.95}$ 对 X 求导得 $RT\frac{1}{0.95X}$，其随 X 增大而减小，且 $1.4RT \times \frac{1}{0.95}X > RT \times \frac{1}{0.95X}$. 这是人类首次发现的

过程功 $w > \int_{1-2} p\mathrm{d}v$（1 - 2 是可逆过程线），发现的时间在2001 年至2006 年间. 于是真正形成了公理化热力学.

公理化热力学这一理论系统形成以可逆过程、不可逆过程的数学定义及超可逆过程的发现为标志.

公理化热力学所依据的基本自然原理是热力学第一定律，然后运用可逆过程、不可逆过程的数学定义，推导了热力学第二定律，依据超可逆过程的发现推导了热力学第二定律的反例. 公理化热力学解释了热电偶（包括半导体制冷片）“吸热不增熵”的自然现象以及“液氦喷泉”等与热力学相关的现象.

有关这些将在后面讲述.

定义内能也是公理化热力学的一个重要工作.

内能的定义，高中物理课本已讲到. 而公理化热力学对内能的定义是：由物质（气体）的温度、压力所确定的量. 这与高中物理课本中的内能定义有区别，高中物理课本中对于弹簧的形变引起的弹性势能也可归在内能中. 而公理化热力学，要把弹簧的内能所做的功当作势能和已经存在的机械功，不重复计算在内能中. 这样做的目的很明确，因为公理化热力学的根本目的是研究热力学，获得尽可能多的机械功. 而弹性势能已是机械能，再把它归在内能中，等于失去了这个机械能. 失去了这个机械能，怎么可以利用这个机械能呢？公理化热力学对于出现的机械能，一定“盯上”它，因为机械能随时可变为热能、内能.

第二节　公理化热力学的依据，适用范围及科学方法的意义

人类的实践活动、热能工程的长期的实践活动提供了绘制物质（主要是气体）的热力图、表的依据. 如空气、温度、比体、压力、内能、焓、熵这些数据的关系可以在热力图、表中找到. 水蒸气、氨

气、二氧化碳、各种氟利昂气体都有热力图、表.

根据这些热力图、表总结出气体的基本性质,就成了公理化热力学. 公理化热力学的最基础的研究依据是气体的基本性质.

气体的基本性质:

1. 有充满容器的趋势;

2. 可以液化;

3. 比体不会是无穷小(通俗地说,其密度不会大于金子);

4. 已经制出了热力图、表可供查对(这已明确,是两个参数决定其他参数);

5. 遵守牛顿力学定律,并且严格遵守.

由于理想气体的状态方程很简单,且理想气体的热力图、表可用简单的解析式表达,因此用理想气体建立公理化热力学为我们的数学运算带来极大方便. 现在,对理想气体增加两个规定:

1. 理想气体的比体不会无穷小($pv = RT$,p 趋于很大,v 也不会很小,是定性研究时的需要);

2. 理想气体可以液化(数学研究遇到矛盾时,就当它液化了,这符合实际气体).

公理化热力学的研究依据是物质的热力图、表,对于没有制出热力图、表的物质,就不适用. 所以公理化热力学的研究范围相对狭窄.

公理化热力学研究的范围仅限定于通常的气体,其作用仍然巨大. 因为当今世界,90% 的电力,99% 的汽车动力,100% 的空调,都是通过这些气体的热力循环而获得的.

公理化热力学这门学科(理论系统)的目的就是为大规模能源工程(包括制冷)服务,所以,专门研究这些气体就已足够.

公理化热力学在研究过程中创立了多种科学方法及所谓的结论,所带来的影响,大大弥补了研究范围的狭窄.

第三节　公理化热力学的简单介绍

一、研究公理化热力学的基本目的是获得机械功

气体参与热力过程获得大规模机械功有两种方法：一是气体流动带动风机透平；二是气体在“活塞气缸”构成的容器中推动活塞做功.《中国科技史》中指出，很早就有了“走马灯”，这是气体流动做功，其大规模的工业应用，致使出现了具有“活塞气缸”的蒸汽机. 现今，气体流动的做功机械是蒸汽轮机、燃气轮机、火箭发动机. 依靠“活塞气缸”做功的是活塞式内燃机.

二、利用“活塞气缸”使气体膨胀推动活塞运动，得出

$$p\mathrm{d}v \leqslant w$$

依据热力学第一定律推导出热力学第二定律.

热力学第二定律变成了一个推导的定律，这就是公理化热力学的基本特征. 而在此之前，热力学第二定律是热力学的基础，当作公理在使用. 公理成了推导的定律，给科学界以巨大的震动，人们会立即提出问题：“活塞气缸”推导出了热力学第二定律，那么，气体流动也能推导出热力学第二定律吗？“液氦喷泉”、热电偶也都能推导出热力学第二定律吗？试着推导，推导不出来. 而当撇开热力学第二定律这个前提去研究气体流动、研究“液氦喷泉”、研究热电偶得出的是全新的结论.

三、研究气体流动，发现了 $p\mathrm{d}v > \mathrm{d}w$ 的自然现象

于是，依据热力学第一定律推导了热力学第二定律的反例，让热力学拓展到了全新的境界. 这是公理化热力学最精彩，实际应用最广泛的部分.

四、特别指出,另一个自然现象的发现

气体在气柱中往高升,焓耗尽而变成低温液体,这种不需冷却可以获得低温液体的现象,为当今热能动力工程提供全新实践方案.

第四节　公理化热力学,人类知识的更新,无限的精神振奋

现代科学教育给人们以强势的主导教育,以高中物理课程为例,就有热力学第二定律. 而现在,热力学第二定律是由基本规律在特定的条件下推导的定律,在另一种条件下(气体流动、重力场作用),可以出现热力学第二定律的反面的情形,这给人的影响又如何呢?是去接受,还是去抵制呢?抵制科学没有出路.

人们长期所接受的这个所谓的热力学第二定律,要铲除它,必须有强势力介入.

好在,笔者宣传热力学18年,在2006年中国电力出版社出版的《简明工程热力学基础 —— 火电厂工程师必读》,2012年哈尔滨工业大学出版社出版的《公理化热力学的数学基础》第2版及网络铺天盖地的对传统热力学的批评,已传播至广,继续传播下去就会有人参与实践.

第四章　与公理化热力学相关的数学知识

第一节　用第二型曲线积分表示面积

$F(x,y)$ 定义了在平面 (x,y) 上的函数，$\int_{y=f(x)x-x_1-x_2} F(x,y)\mathrm{d}x$ 是第二型曲线积分. $\int_{y=f(x)x-x_1-x_2} F(x,y)\mathrm{d}x = \int_{x_1}^{x_2} F[x,f(x)]\mathrm{d}x$ 化成了通常积分(黎曼积分)，于是有 $\int_{y=f(x)x-x_1-x_2} y\mathrm{d}x = \int_{x_1}^{x_2} f(x)\mathrm{d}x$，这样对过程功 $\int_1^2 p\mathrm{d}x$ 可以利用第二型曲线积分，$\int_{y=f(x)x-x_1-x_2} y\mathrm{d}x$ 简单地记作 $\int_{1-2} p\mathrm{d}v$. 其意义：把功、熵都写成第二型曲线积分有助于对问题的思考.

第二节　$\int_1^2 f(x)\mathrm{d}q(x)$ 称作斯蒂尔切斯积分

$\int_1^2 f(x)\mathrm{d}q(x)$ 化作普通积分：$\int_1^2 f(x)\mathrm{d}q(x) = \int_1^2 f(x)q'(x)\mathrm{d}x$.

第三节　熵的计算式化作斯蒂尔切斯积分

$\int_{1-2}\frac{\mathrm{d}q}{T}$是可逆过程，这是曲线积分. 对于可逆过程，有过程线$T=f(v)$，求得$q=q(v)$.

$\int_{1-2}\frac{\mathrm{d}q}{T}$沿曲线$T=f(v)$有$\int_1^2\frac{\mathrm{d}q(v)}{f(v)}=\int_1^2\frac{q'(v)}{f(v)}\mathrm{d}v$.

第四节　关于熵是状态函数的数学证明

可逆过程$\frac{\mathrm{d}q}{T}$定义了微熵. 用微熵定义熵，则熵$S_2-S_1=\int_{1-2}\frac{\mathrm{d}q}{T}$是可逆过程. 仅凭数学运算不能得出熵是状态函数，因为熵的解析式，其各状态参数是离散的实验数据，用人为的方法绘成连续曲线，资料(1)已有详述. 但是，根据热力学在工程中的实践，可以立即证明熵是状态函数.

证明：

1. 在平面(P,V)上任取一点(P_1,V_1)定义熵值为S_1；

2. 过点(P_1,V_1)作可逆等温线，由熵的定义，这条可逆等温线上的每一点都确定了熵的值；

3. 在此可逆等温线上的每一点作可逆绝热线，这些线布满了平面(P,V)，平面(P,V)上的每一点都有且只有一条可逆绝热线通过. 在每一条可逆绝热线上其熵都等于与所设的可逆等温线相交的点的熵；

4. 于是，平面(P,V)上的每一点都定义了熵的值；

5. 如此定义了点(P_x,V_x)处的熵值为S_x，再画出这点的可逆绝热线，画出点(P_1,V_1)处的可逆等温线，得交点的熵是S_x，再计算点(P_1,V_1)处的熵，也是原规定的熵值S_1；

6. 由以上条件得出结论:规定平面(P,V)上的任一点的熵值,平面(P,V)上的任一点就都确了熵值,所以$S = F(P,V)$,熵是状态函数证明完毕.

由此得出结论,可逆过程$\int_{1-2}\frac{\mathrm{d}q}{T}$与路线1 - 2无关.

可逆过程曲线要连续可微,才可以方便用数学方法研究热力学. 而实际工程得到的总是离散的实验数据,根据这些离散的实验数据绘成曲线,写出解析式,如解释式是多项式函数、三角级数函数则需要运用数学技巧,以方便研究. 保证熵的数学解析式是状态函数.

准平衡过程可以在平面(P,V)上画一条线. 准平衡过程不一定是可逆过程,所以,平面(P,V)上的线不表示可逆过程. $\int_{1-2}p\mathrm{d}v$总是可以计算的,但在不可逆过程中$\int_{1-2}p\mathrm{d}v$不是功. 资料(1)给出这些例子. 若仅凭数学公式,而不理解(指明)数学公式的意义,会误解数学结论.

第五节　$\int_{1-2}\frac{\mathrm{d}u}{T}+\frac{p\mathrm{d}v}{T}$为什么与过程曲线的路径无关,如何证明

不管可逆过程还是不可逆过程,$\int_{1-2}\frac{\mathrm{d}u}{T}+\frac{p\mathrm{d}v}{T}$的值总是不变的(准静态过程$p = f(v)$可以是可逆过程,也可以是不可逆过程,代入上式,其值都是一样的),也就是说,对于同一条路径积分,不管这路径是可逆或不可逆,只要是连续曲线(甚至仅是可积曲线),其值都是一样的.

对于具有相同起点与终点的两条不同的曲线,其积分也相等. 这在数学上无法证明(参考资料(1)).

根据以上可逆过程,$\int_{1-2}\frac{\mathrm{d}q}{T}$定义的熵是状态函数.

可逆过程有$\frac{\mathrm{d}q}{T}=\frac{\mathrm{d}u}{T}+\frac{p\mathrm{d}v}{T}$,两端积分

$$\int_{1-2}\frac{\mathrm{d}q}{T}=\int_{1-2}\frac{\mathrm{d}u}{T}+\frac{p\mathrm{d}v}{T}$$

因为等式左边与路线无关,所以等式右边也与路线无关.

再特别指出:$\int_{1-2}\frac{\mathrm{d}u}{T}+\frac{p\mathrm{d}v}{T}$的值只与路线的起点1、终点2有关,不管1-2的路线是什么,也不管1-2的路线是可逆的还是不可逆的,这是惊世骇俗的. 因为直接用$\int_{1-2}\frac{\mathrm{d}u}{T}+\frac{p\mathrm{d}v}{T}$定义熵是完全用数学语言定义了,而用$\int_{1-2}\frac{\mathrm{d}q}{T}$定义熵必须加一句可逆过程,这是半数学语言定义熵.

第六节 $\int_{1-2}\frac{\mathrm{d}q}{T}$ 第三类积分

1. $\int_{1-2}\frac{\mathrm{d}q}{T}$可以化作斯蒂尔切斯积分.

在平面(P,V)上,可逆过程是一条曲线(画出一条曲线并不一定是可逆过程),这条曲线由解析式$P=f(V)$表示. 由于$F(T,P,V)=0$是状态方程,就求得$T=f_1(V)$. 可逆过程中,吸热量是过程的函数,$Q=Q(V)$,Q的导数是$Q'(V)$. 不可逆过程中,吸热量也是过程的函数,$Q=Q_1(V)$, 于是, 可逆过程有$\int_{1-2}\frac{\mathrm{d}q}{T}=\int_{1-2}\frac{Q'(V)}{f_1(V)}\mathrm{d}v$,不可逆过程有$\int_{1-2}\frac{\mathrm{d}q}{T}=\int_{1-2}\frac{Q_1'(V)}{f_1(V)}\mathrm{d}v$.

2. 不可逆过程

$$\int_{1-2}\frac{\mathrm{d}q}{T}=\int_{1-2}\frac{Q_1'(V)}{f_1(V)}\mathrm{d}v\neq-\int_{2-1}\frac{Q_2'(V)}{f_1(V)}\mathrm{d}v=-\int_{2-1}\frac{\mathrm{d}q}{T}$$

沿曲线 $T=f_1(V)$ 从点 1 到点 2 是不可逆过程. 那么沿曲线 $T=f_1(V)$ 从点1到点2的吸热量为 $Q_1(V)$,沿曲线 $T=f_1(V)$ 从点2到点 1 的吸热量是另一个函数 $Q_2(V)$.

所以出现了以上不等式, 这解释了不可逆过程 $\int_{1-2}\frac{\mathrm{d}q}{T}\neq-\int_{2-1}\frac{\mathrm{d}q}{T}$.

注意:不可逆过程 $\int_{1-2}\frac{\mathrm{d}q}{T}<S_2-S_1$,$\int_{2-1}\frac{\mathrm{d}q}{T}<S_1-S_2$ 都是严格的热力学第二定律的数学式. 若 $\int_{1-2}\frac{\mathrm{d}q}{T}=-\int_{2-1}\frac{\mathrm{d}q}{T}$,就有 $-\int_{2-1}\frac{\mathrm{d}q}{T}<S_2-S_1$,得 $\int_{1-2}\frac{\mathrm{d}q}{T}>S_1-S_2$. 这就错了.

关于 $Q_1(V)\neq Q_2(V)$ 的说明,本书其他章节举过例子. 资料(1) 也有相关章节. 再重复讲解:不可逆过程(准确的),气体膨胀时,摩擦产生热量,减少了吸热量. 可逆过程相对于 $T=f_1(V)$,当 V 减小时,气体放热,因摩擦生热,放热量增大.

3. 通常的积分,当积分限改变顺序时,正负号改变,即 $\int_a^b f(x)\mathrm{d}x=-\int_b^a f(x)\mathrm{d}x$. 而第一型曲线积分,当积分限改变顺序,其符号不变,其原因在于是按曲线的长度积分的,长度不会是负数,所以不改变符号. 第二型曲线积分,$\int_{1-2}f(x,y)\mathrm{d}x=-\int_{2-1}f(x,y)\mathrm{d}x$,积分限改变顺序,正负号改变,原因是 $\mathrm{d}x$ 改变符号. 而积分 $\int_{1-2}\frac{\mathrm{d}q}{T}$ 对于可逆过程有 $\int_{1-2}\frac{\mathrm{d}q}{T}=-\int_{2-1}\frac{\mathrm{d}q}{T}$,不可逆过程有 $\int_{1-2}\frac{\mathrm{d}q}{T}\neq\int_{2-1}\frac{\mathrm{d}q}{T}$ 及 $\int_{1-2}\frac{\mathrm{d}q}{T}\neq$

$-\int_{2-1}\frac{\mathrm{d}q}{T}$. 这个特征不同于第一类曲线积分也不同于第二类曲线积分,不得不把$\int_{1-2}\frac{\mathrm{d}q}{T}$称作第三类积分.

不把$\int_{1-2}\frac{\mathrm{d}q}{T}$称作第三类曲线积分还出于一个原因:通常积分(黎曼积分或集合论发展之后,实函数论提出的新型积分 —— 勒贝格积分),总是有$\int_a^b f(x)\mathrm{d}x \leqslant (b-a)A$(以上在$b>a>0$,$0<f(x)\leqslant A$的条件下).

例 函数$f(x)$在数轴$0-2$上定义,当$0<x<1$时$f(x)=1$,当$kx<2$时$f(x)=0$. x在$0-1$的无理数点时$f(x)=1$,在$0-2$的其他点上$f(x)=0$. 则$\int_a^b f(x)\mathrm{d}x=\int_0^2 f(x)\mathrm{d}x=1\times1<(2-0)\times1$,而热力学的研究有它的特殊性. 以$\int_{1-2}p\mathrm{d}v$表示功$w$,因为有$p\mathrm{d}v<\mathrm{d}w$及$p\mathrm{d}v>\mathrm{d}w$,当必须用$w=\int_a^b f(x)\mathrm{d}x$表示功时,它的意义就会全变了,更重要的原因是不可逆过程$\int_{a-b}\frac{\mathrm{d}q}{T}=\int_a^b\frac{q'(v)}{f(v)}\mathrm{d}v$的右边是通常的黎曼积分,而改变积分限顺序时,$q(v)$的函数关系变化了,需要用另一个函数代入. $\int_{a-b}\frac{\mathrm{d}q}{T}$称作第三类积分,而不称作第三类曲线积分,让热力学的发展为数学创新留下伏笔.

4. 用斯蒂尔切斯积分计算熵的例子.

(1) 可逆等温过程$q=RT\ln\frac{v_2}{v_1}$. 令v_1是常数,v_2是变量v,$q=q(v)=RT\ln\frac{v}{v_1}$,即吸热量与比体的函数关系,等温过程$T=$常数. 于是

$$\int_{1-2}\frac{\mathrm{d}q}{T}=\int_{1-2}\frac{1}{T}\mathrm{d}q(v)=\int_{v_1}^{v_2}\frac{1}{T}q'(v)\,\mathrm{d}v=\int_{v_1}^{v_2}\frac{1}{T}RT\cdot\frac{1}{v_1}\cdot\frac{v_1}{v}\mathrm{d}v$$

$$=\int_{v_1}^{v}\frac{R}{v}\mathrm{d}v=R\ln\frac{v}{v_1}$$

通常的情况下，熵 $S=Cv\ln\frac{T_2}{T_1}+R\ln\frac{v_2}{v_1}$. 当 $T_2=T_1$ 时就是我们所推导的公式.

(2) 不可逆过程的等温过程(举例).

设气体膨胀，可逆膨胀功 $RT\ln\frac{v_2}{v_1}$ 有 20% 转为热量，则 $q(v)=0.8RT\ln\frac{v_2}{v_1}$. 若气体压缩，应需可逆压缩功 $-RT\ln\frac{v_1}{v_2}$. 总压缩功有 20% 转为热量，产生的总热量为 $-\frac{1}{0.8}RT\ln\frac{v_2}{v}$，则 $q(v)=-\frac{1}{0.8}RT\ln\frac{v_1}{v}$，放热量增大. 这就看到了不可逆过程的吸热函数与过程方向有关.

(3) 仿效此例，也可以计算其他过程(如绝热过程、等压过程、多变过程)的可逆过程与不可逆过程的 $q(v)$.

第五章　气体在重力场中上升，让过程功 $\mathrm{d}w > p\mathrm{d}v$ 的方案

第一节　气体在气柱中升高，用“气杯量筒”模型讨论，得出 $\mathrm{d}w > p\mathrm{d}v$ 的结论

研究气体在气柱中升高，我们不用“活塞气缸”这个通常的模型，而用“气杯量筒”．如图5.1(a)，气杯是倒立的，用牵绳吊着，在气柱中升高．随着“气杯量筒”的升高，“气杯量筒”中的气体会膨胀做功．以后，我们规定“气杯量筒”是圆柱型的，底面积为1 m^2，气杯内有1 kg气体，“气杯量筒”较大，气体膨胀了，这1 kg气体也不溢出量筒，只是虚线与“气杯量筒”构成的容积增大．由于重力影响，“气杯量筒”内的气体压强是不一致的，中心处的压强为 p_x，虚线处的压强则大一些，为 $p_x + 0.5g$．$0.5g$ 是0.5 kg的气体在1 m^2 面积上产生的压强．现在讨论“气杯量筒”中的气体在等温气柱中等温上升，升高 x m所做的功．

下面分三种情况讨论：

1. 通常很方便计算出，1 kg气体升高 x m，需做功 $w = xg$．

2. 等温气柱的压强随高度变化有公式

$$p_x = p_0 \mathrm{e}^{\frac{-gx}{RT}}$$

1 kg气体从压强 p_0 到 p_x 所做的功为 $w = \int_0^x p\mathrm{d}v$，也正是 xg．具体计

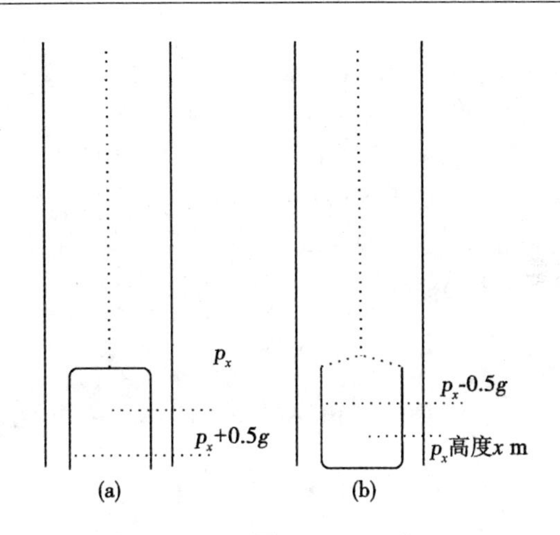

图 5.1

算：$pv = RT, v_x = \dfrac{RT}{p_x} = RT \cdot \dfrac{1}{p_0} \cdot e^{\frac{gx}{RT}}$，这是比体与高度的关系，高度从 0 到 x，做功为 $w = \int_0^x p dv = \int_0^x p_0 e^{\frac{-gx}{RT}} \cdot RT \cdot \dfrac{g}{RT} \cdot \dfrac{1}{p_0} \cdot e^{\frac{gx}{RT}} dx = \int_0^x g dx = xg$.

可见，用第一种方式与用第二种方式讨论，其结果是一样的. 以下方式是用“气杯量筒”来讨论.

3. “气杯量筒”升高 x m，讨论所做的功.

“气杯量筒”中 1 kg 气体升高到 x m，其压强为 p_x. 而这 1 kg 气体从虚线处膨胀所做的功是 $(p_x + 0.5g)dv$，显然大于 $p_x dv$. 于是，仿效上面的计算，有

$$w = \int_0^x (p_0 e^{\frac{-gx}{RT}} + 0.5g) RT \cdot \frac{g}{RT} \cdot \frac{1}{p_0} \cdot e^{\frac{gx}{RT}} dx =$$

$$xg + 0.5g \cdot \frac{RT}{p_0} (e^{\frac{gx}{RT}} - 1) \qquad (5-1)$$

式(5-1)中第二项的计算是

$$\int_0^x 0.5g^2 \cdot \frac{1}{p_0} \cdot e^{\frac{gx}{RT}} dx = 0.5g \cdot \frac{RT}{p_0} \cdot e^{\frac{gx}{RT}} - 0.5g \frac{RT}{p_0}$$

由式(5 - 1) 得知,气体上升,以“气杯量筒”的方式膨胀,所做的功多了第二项,是正数,则 $w > xg$.

以上讨论了“气杯量筒”倒置着上升,若是“气杯量筒”正置着上升,也可以用类似的计算,得出公式(5 - 2)

$$w = xg - 0.5g \cdot \frac{RT}{p_0}(e^{\frac{gx}{RT}} - 1) \quad (5-2)$$

有 $w < xg$.“气杯量筒”倒置的这种气体膨胀称作“甲序上升”,“甲序上升”所做的过程功为 $w > \int_0^x p\mathrm{d}v$. 若“气杯量筒”正置,这种气体膨胀称作“乙序上升”,“乙序上升”所做的过程功为 $w < \int_0^x p\mathrm{d}v$.

“气杯量筒”正置,如图 5.1(b),虚线处的压强要比中心压强 p_x 减小了 0.5g.

以上提出的 $w = \int_0^x p\mathrm{d}v = xg$ 为通常的上升,称“常序上升”.“甲序上升”所做的过程功为 $\mathrm{d}w > p\mathrm{d}v$;“乙序上升”所做的过程功为 $\mathrm{d}w < p\mathrm{d}v$. 实际气体在气柱中往上升到底是“甲序”的,还是“乙序”的,就看气体上升的宏观过程的结果.

资料(1) 提出的“气体绝热上升,焓耗尽最终变成低温液体”这种不用冷却而让气体变成低温液体的情况,它必定是“甲序上升”.

图 5.2(a) 表示“气杯量筒”倒置(“甲序上升”)，1 kg 气体的重心升高 L m. 图 5.2(b) 表示“气杯量筒”正置(“乙序上升”)，1 kg 气体的重心升高 L m.

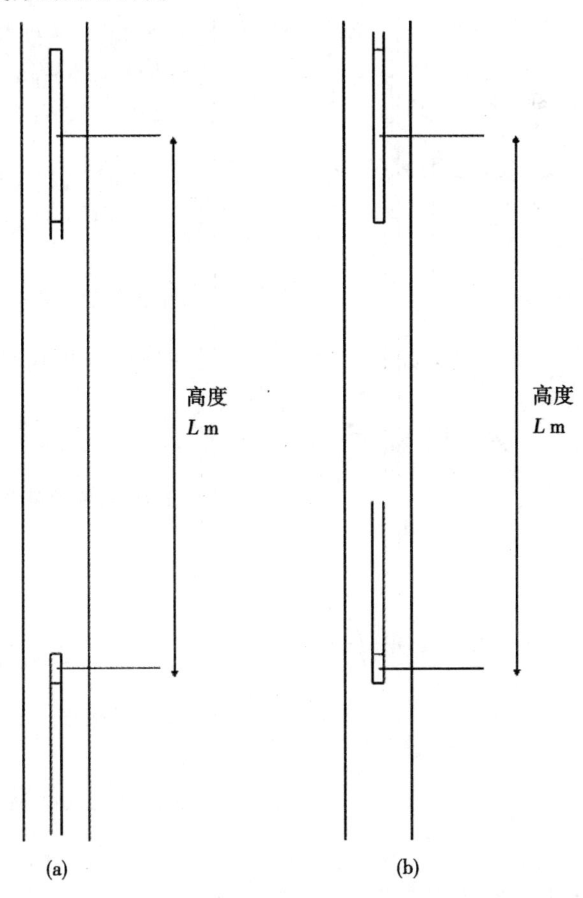

图 5.2

如图 5.3 所示，用强对流天气的公理化热力学解释这个“气杯量筒链”在运转，气体“甲序上升”产生的过程功 $dw > pdv$.

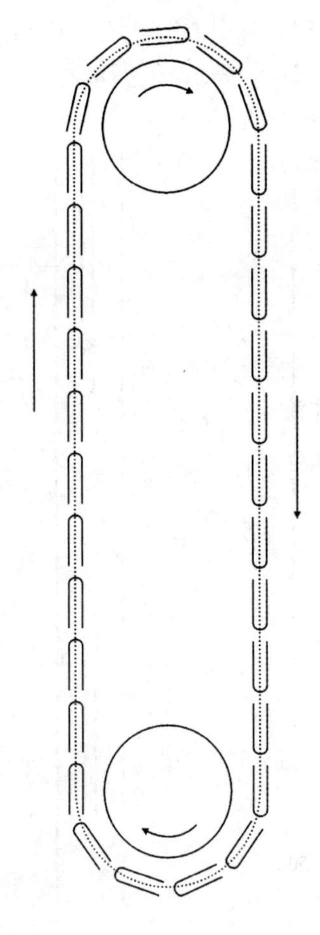

图 5.3

天气现象中有强对流天气. 当雷电、风雨、冰雹交加时,飞机通过强对流空气,由于颠簸厉害而要避开.

是什么力量产生强对流呢?仅依据“热空气上升,冷空气下降”其能量就够吗?而如果,气体在重力场中上升(或下降)有 $\mathrm{d}w > p\mathrm{d}v$, 则足以产生强对流所需的能量(机械能.)

第二节　再举一个"甲序上升"的例子

等温气柱的压强与高度的公式可由资料(1) 中的三种推导方法得出一致的结果. 其中一种方法就是通常的物理教材中推导的方法,是"重量叠加"法,"重量叠加"法是最严格的,并且不涉及气体上升是可逆过程("常序上升"),或是不可逆过程("乙序上升"),或是其他未知过程("甲序上升").

如图 5.4 所示,气柱高度 $L = x$ 处的气体流速为 50 m/s,气柱高度$L = 0$ 处的气体流速也是 50 m/s. 这样,气体的动量产生的压力等于零,气柱的压强随高度的变化仍然是 $p_x = p_0 e^{-\frac{gx}{RT}}$.

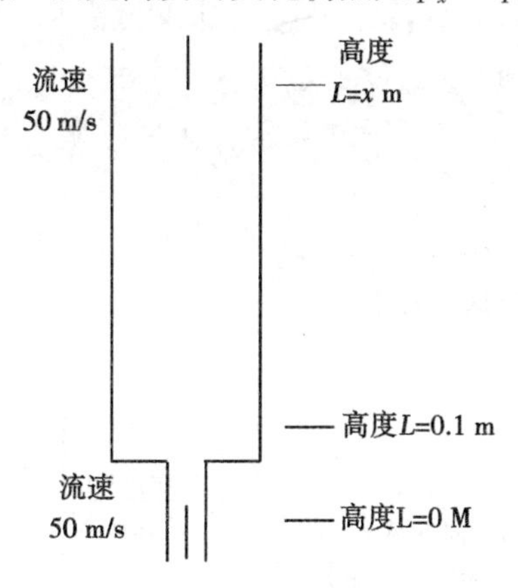

图 5.4

每千克气体从 $L = 0$ 处进入,在 $L = x$ 处流出,因为是等温气柱(要保持它是等温气柱,必须吸热),吸热量、过程功、技术功都是 $RT\ln\frac{p_x}{p_0}$,这都符合可逆过程的特征,但这种流动不是可逆过程的流动,因为在高度 $L = 0.1$ m 处,气柱截面积变化,流速从50 m/s 变为平均 1 m/s,其内摩擦很大,再升高到 $L = x$ 处,内摩擦的影响被消除了.

如果在 $L = 0.1$ m 处安装叶轮,叶轮可以对外做机械功. 这时,气体的吸热量、技术功、过程功都大于 $RT\ln\frac{p_x}{p_0}$. 解释这种现象也只有用"甲序上升"了.

第三节　讨论绝热气柱的压力与高程的关系

绝热气柱的定义. 先看"等温气柱",根据"等温气柱"这四个字就能明白,气柱的各段温度都相等,如低于温度 T,则向外界吸热,若高于温度 T 则向外界放热.

在公理化热力学的研究中,气体进入垂直管道绝热上升,从高处流出,于是由此定义绝热气柱. 这种方式形成的绝热气柱的各处压力分布(即压力与高程的关系)有两种算法,求得的是同一结果,参考资料(1).

如图 5.5,5.6 所示,理想气体从底部进,高处流出,流动过程没有与外界进行热量交换.

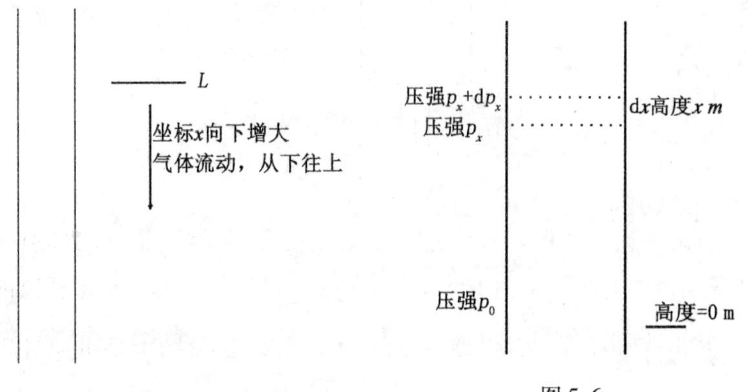

图 5.5　　图 5.6

由"重量叠加"法列出微分方程. 高程在 $x = 0$ 处的压强 p_0 是由气柱的重量产生的(重量/面积 = 压力)

$$-dp_x = \frac{g}{v_x}dx \tag{5-3}$$

$$v_x = \frac{RT_x}{p_x} \tag{5-4}$$

T_x 随高度变化的规律由焓降确定. 理想气体的这种流动,到达高程 x 处的技术功为 xg,g 为重力加速度. 如果气体上升还做机械功,其规律为 $f(x)$,则 T_x 由下式确定

$$xg + f(x) = c_p(T_0 - T_x)$$

其中 $c_p = 1\,005$. 设定 $T_0 = 300$ K,于是

$$T_x = \frac{1\,005 \times 300 - [xg + f(x)]}{1\,005}$$

将上式代入式(5-4),(5-3),再分离变量得微分方程

$$-\frac{dp_x}{p_x} = \frac{3.5dx}{301\,500 - [gx + f(x)]} \tag{5-5}$$

上式右边积分没有通式,不妨把 $gx + f(x)$ 的机械功用 gx^2 代之,有 $gx^2 - gx = gx(x-1)$,所以,gx^2 的意义就是:气体升高到 x m,所做的机械功是重力功的 $(x-1)$ 倍. (注:我们只是抽象地说,气体升高所做的技术功大于重力功,并不涉及是用的什么机械,这只是为了方便讨论. 机械功大于重力功,实际也可以发生,如,气体上升,比体增大,等截面的气柱必然流速增大,就是动能增大,加上重力功,总的机械功就大于重力功. 还有就是我们讲到的气体摩擦生电,电能也是机械功)

于是,解微分方程(5-5)得(计算中,重力加速度 $g = 10$ N/kg)

$$p_x = p_0\left(\frac{\sqrt{30\,150} - x}{\sqrt{30\,150} + x}\right)^{\frac{3.5}{\sqrt{30\,150}}} \tag{5-6}$$

将 $x = 100$ 代入

$$p_{100} = 0.986\,9p_0$$

高度 100 m 的温度为

$$T_{100} = \frac{1\,005 \times 300(100^2 \times 10)}{1\,005} = 200 \text{ K}$$

这种气体上升 100 m，做功 $100^2 g$，温度从 300 K 下降到 200 K（这是能量守恒），压力才下降一点点，应当是绝热条件的减熵.

等熵过程，对照资料(1) 第 95 页，则有公式

$$p_x = p_0\left(1 - \frac{gx^2}{301\,500}\right)^{3.5} = p_{100} = 0.240p_0$$

T_{100} 仍然等于 200 K（焓降等于技术功，在绝热的条件下，不管可逆过程、不可逆过程都成立）.

温度都是 200 K，压力越大熵越小. 于是，证实了确是绝热条件下的减熵.

第四节　气体进入垂直管道上升流动，流速增大时压力与高度的函数式

气体在等截面管道绝热上升流动比体增大，流速增大. 流速增大引起动负荷，使气柱底部压力增大. 现计算这种流速增大的过程中压力与高度的关系.

预备知识：（我们讨论理想气体的稳定流动（可逆过程或不可逆过程））

1. 等截面管道、截面 1、截面 2 的流速之比等于比体之比；

2. 力乘时间等于质量乘流速差；

3. 焓降等于势能加动能差.

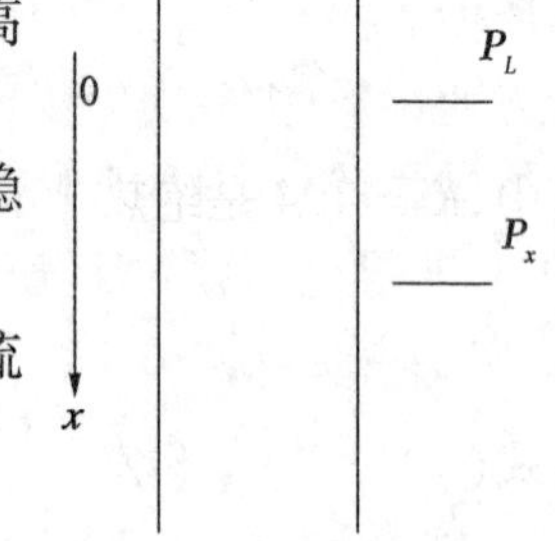

图 5.7

如图 5.7 所示，垂直管道坐标为零的 L 处的压力、温度、流速、比体分别是 P_L, T_L, A_L, V_L，高度 x 处的

坐标方向向下. 高度 x 处的压力 P_x，温度 T_x，比体 V_x，流速 A_x，可列出积分方程(可化为微分方程)

$$P_x = P_L + \int_0^x \frac{dx}{V_x} + \frac{A_L}{V_L}(A_L - A_x) \tag{5-7}$$

式(5-7)右边第一项是气柱最高处的压力，第二项是高 x 处重量累积的压力，第三项是动量变化造成的压力它们的推导为

$$力 \times 时间 = 质量 \times (A_L - A_x)$$

$$压力 \times 面积 \times 时间 = 质量 \times (A_L - A_x)$$

$$压力 = 质量 \div (面积 \times 时间) \times (A_L - A_x)$$

$$= 流量 \div 面积 \times (A_L - A_x)$$

流量稳定流动，各截面流量相等，以最高处 L 的流量，有

$$流量 = 流速 \times 面积 \times 密度 = 流速 \times 面积 \times 1 \div 比体$$

于是

$$压力 = [(流速 \times 面积) \div (面积 \times 比体)] \times (A_L - A_x)$$

$$= \frac{A_L}{V_L} \times (A_L - A_x)$$

为求式(5-7)的解(P_x 与 x 的关系)，V_x，A_x 都应当用 P_x 表示. 如果是可逆绝热(等熵)流动，那么很简单

$$V_x = \left(\frac{P_L}{P_x}\right)^{\frac{1}{K}} \cdot V_L \tag{5-8}$$

其中，$K = 1.4$ 是绝热指数

$$A_x = \frac{V_x}{V_L} \cdot A_L = \frac{A_L}{V_L} \cdot \left(\frac{P_L}{P_x}\right)^{\frac{1}{K}} \cdot V_L = A_L\left(\frac{P_L}{P_x}\right)^{\frac{1}{K}} \tag{5-9}$$

将式(5-8)，(5-9)代入式(5-7)，解积分方程，即可求得 $P_x = F(x)$.

但是，我们已经知道，气体上升有可能出现超可逆绝热流动或不可逆绝热流动，所以式(5-8)，(5-9)不能用.

焓降等于技术功，这是能量守恒定律，不管什么过程(可逆过

程、不可逆过程、超可逆过程)，只要是绝热的都成立.

求 T_x，有

$$c_P(T_x - T_L) = xg + \frac{1}{2}(A_L^2 - A_x^2)$$

得

$$T_x = \frac{1}{c_P}\left[xg + \frac{1}{2}(A_L^2 - A_x^2)\right] + c_p T_L \tag{5-10}$$

$$x = \frac{RT_x}{P_x} \tag{5-11}$$

将式(5 - 10) 代入式(5 - 11) 和式(5 - 7) 得

$$P_x = P_L + \int_0^x \frac{c_p P_x \mathrm{d}x}{R\left[xg + \frac{1}{2}(A_L^2 - A_x^2) + T_L\right]} + \frac{A_L}{V_L}(A_L - A_x) \tag{5-12}$$

式(5 - 12) 右边第二项、第三项中 A_x 仍不能用 P_x 表示，无法解方程(5 - 12). 这个时候，就近似地用式(5 - 9) 代入.

求得方程解 P_x^1，再将 P_x^1 代入式(5 - 9) 的 P_x 中，再代入方程(5 - 12)，再解得 P_x^{11}，如此用逐次逼近法求得 $P = F(x)$ 的值.

求得 $P = F(x)$，x 是从上往下增大的，$L - x$ 则是从下往上增大的，换算式 $P = F(L - x)$ 与绝热可逆过程的压力与高度的公式

$$P_x = P_0\left(1 - \frac{gx + \frac{1}{2}(A_L^2 - A_x^2)}{c_p \cdot T_L}\right)^{3.5}$$

(参考资料(1)，95 页) 作比较，有 $F(L - X) > P_x$，而认定是绝热减熵流动.

第六章　气体通过旋涡实现无放热循环,技术方案简单、实用

第一节　气旋的绝热减熵流动

资料(1) 中 80 页讲述了气体通过旋涡,计算进口压力与出口压力的比. 这种计算结果完全类似于“绝热气柱” 的气体进口与出气口的压力比的计算. 所谓的完全类似,是指基本特征相同:气体通过旋涡,仅产生了气体动能增量(没有机械功输出),那么,技术功计算完全等同于可逆绝热过程的技术功的计算. 如同“绝热气柱”,气体进入、流出,仅产生重力势能的功,则技术功完全等同于可逆绝热过程的技术功.

本教程指出:假设气体在“绝热气柱” 中上升还做出重力功之外的功(在这种假设下现实存在的是动能增量的功),则这种做功已不能用可逆绝热过程的技术功公式计算,这已是一种绝热减熵过程.

利用“绝热气柱” 实现绝热减熵的热机循环, 工程方案不现实. 而气体通过旋涡,实现绝热减熵技术方案非常简单.

已经有了气体通过“绝热气柱” 做出超过重力势能功的计算,并得到绝热减熵,就不再对气体通过旋涡做出超出动能增量的功的计算,它显然也是绝热减熵的. 绝热减熵参与热力过程,画出温熵图.

如图 6. 1(a),6. 1(b) 所示,3 - 1 是绝热减熵线. 绝热条件下温度下降熵减小就是气体通过“绝热气柱” 又做出超过重力势能

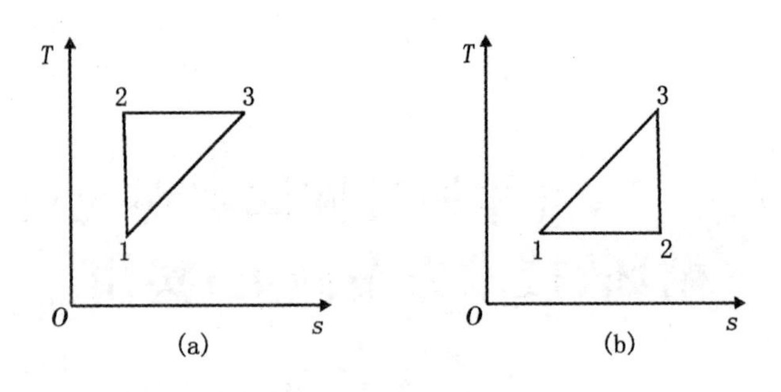

图 6.1

功的过程. 从图 6.1(a),6.1(b) 可以看到,绝热减熵过程参与热力循环,放热过程就可以取消了. 这就形成单热源的热能动力机械.

气体通过“绝热气柱”可以产生绝热减熵过程;气体通过旋涡也可以产生绝热减熵过程. 资料(1) 提出了这种设计,下节介绍两个方案.

第二节　方案 1

如图6.2所示,气体进入旋涡进口处,半径为100 m,切向流速为10 m/s,气体的动量矩为 1 000 m^2/s. 半径 5 m 处,气体流速为 200 m/s. 此处设置叶轮,叶轮吸收气体动能输出机械功. 气体的流速减为150 m/s. 每千克气体的动能差为$\frac{1}{2}(200^2-150^2)=8\ 750$,叶轮的动能转换效率为60%,叶轮输出功8 750 × 60% = 5 250 J. 叶轮与气体摩擦热为 8 750 × 40% = 3 500 J,返回给气体. 气体从中心孔 2 m 处流出到第二旋涡,其周边流速为 x,故 $150\times5=x\times2$,求得:$x=150\times5\times\frac{1}{2}=375$ m/s.

第二旋涡,中心流速 375 m,周边流速由 $375\times2=x\times100$,求

得 $x = 7.5\ \text{m/s}$,仅需输入$\frac{1}{2}(10^2 - 7.5^2) = 44\ \text{J}$,即可得到5 250 J,它的周围吸热 5 250 J - 44 J = 5 200 J.

第三节　方案 2

如图 6.3,它去掉了第二旋涡,在离中心半径 1 m 以内安置冷源. 冷源 50 K 已可让空气冷却为液态,液态空气圆周流速很大,立即被抛向外周,产生摩擦热而成为气体,再向外周吸收热量,吸收的热量为每千克气体8 750 J - 44 J. (更准确地说是5 250 J -14 J,其中 44 J 由外界输入机械功让外周流速从 7.5 m/s 提高到 10 m/s).

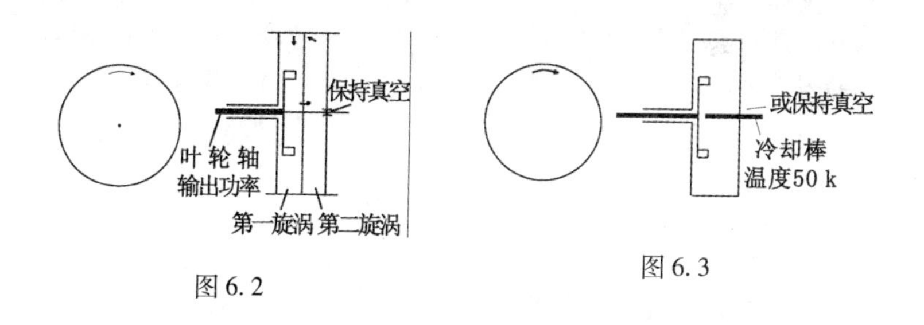

图 6.2　　图 6.3

也许读者会问,这中间不是设置了冷源吗?

笔者回答:中心冷源只是形式上有,若真有气体进入中心,则让它液化,而成真空. 实际上,气体经过叶轮做功之后,动量矩仍然达到 150 m/s × 5 m,到中心 0.5 m 处也是这动量矩,则流速达到 1 500 m/s. 外周空气的温度不超过 300 K,则空气要到达中心,让流速达 1 500 m/s, 已不可能, 因为焓不够, 这种方案实施非常方便.

中心冷源称作诱导冷却,实际并不带走热量.

第四节 诱导冷却

一、资料(2)的最后一章提到诱导冷却

热机理论、热力循环必有冷却过程,这种冷却过程可以算得冷却带走的热量.

依据热力学第二定律来讨论热电偶的热电效应,必是有高温热量带向低温,才发出电流.热电偶的热电效应很微弱,而半导体制冷片把它作为热电元件使用,可以实现高温、低温两热源发出电力,这个发电效果非常显著,已有实用器具,如可装在汽车排气管上,直接将排气的热量转化为电,再向常温放热.此装置已上市,可以网购.但是,半导体制冷片的原理仍然是热电偶的原理.热电偶的热端不必向冷端传热,那么半导体制冷片用于发电,也不必热端向冷端放热.冷源必须设置,而实际冷源并未向热源吸热,这就叫诱导冷却,冷源不是虚拟的,冷源必须真实存在,但这个冷源不像热能发电的冷却水一样,带走热量.下一章,我们将详细讲解热电偶发电冷源不带走热量.

二、气体旋涡的诱导冷却

如图6.3所示的气体旋涡,气体在周边的流速为50 m/s,半径为10 m,到了0.5 m处,流速应当为1 000 m/s.而在300 K温度的空气中,焓降最大为1 005 × (300 − 0),算得最大流速为$\frac{1}{2}(A^2 - 50^2) = 1\,005 \times 300$ m/s,其中$A = \sqrt{605\,500} \approx 778$ m/s.所以,气体进不了半径为0.5 m的地方.在旋涡中心0.5 m处的地方设置冷源,如冷源温度为20 K.20 K的温度,空气中的氧气、氮气都已液化,所以中心是真空.

如此,周边空气的温度为300 K,圆周流速为50 m/s,压力为

10 个大气压,中心压强 0 大气压,中心冷源 20 K,这就是一个诱导冷却的冷源,这个冷源不向实际的空气(旋涡中的空气)吸热,因为旋涡的空气进不了中心.

外周气体始终保持 50 m/s 的圆周速度,则气体无论如何也进不到中心的真空地带.外周气体得 50 m/s 的流速,则由外界动力产生供气流的摩擦损耗,外周气流的温度会上升,外周气体向外界放热,保持 300 K 温度,那么,这个气流旋涡就一直存在下去.

三、气体旋涡,诱导冷却带来的后果

前面讲了外界机械给了气体旋涡,外周气体的流速为50 m/s,旋涡中心诱导冷却,有摩擦发热,再向环境温度为 300 K 的外界放热,这个气体旋涡就永远存在.诱导冷却的 20 K 的冷源不吸热,冷源不吸热的含义是:吸热量不是理论计算的结果,吸热量存在,吸热多少是由实际旋涡的运行技术水平决定的,技术先进,则吸热量趋于零,不受卡诺循环理论的限制.

这个旋涡长期存在下去,可以长期给出机械能.办法是,在圆周与中心之间的流速 300 m/s 处设制叶轮,流速减为 200 m/s,让 $\frac{1}{2}(300^2-200^2)$ 的 60% 传到外界.如此处理之后的气体旋涡,仍然长期运转,因为机械能输入旋涡为 $\frac{1}{2}\times 50^2$ J,机械能输出为 $\frac{1}{2}(300^2-200^2)\times 60\%$ J,所以旋涡要向外界吸收热量.

第七章　无摩擦阻力与负摩擦阻力的发现

第一节　“液氦喷泉”，卡皮查获诺贝尔奖

低温技术发展到液化空气（氧气、氮气）之后，能液化氦气. 液氦，在低温2.7 K左右，发生了超流性，就是流动阻力等于零.

前苏联科学家卡皮查曾经思考过没有流动阻力，如果这不可思议的事情存在，那么也同样不可思议的负摩擦阻力也应当存在. 于是，卡皮查在斯大林的科学路线的导引下，反复实验液氦的负摩擦阻力.

何谓负摩擦阻力，我们知道摩擦阻力是阻碍物体运动的力，那么，负摩擦阻力是帮助物体运动的力. 物体与物体之间的运动产生摩擦力，阻碍了物体的运动，运动的动能消耗，变为热量，最终物体停止了运动. 物体与物体之间产生负摩擦阻力，则物体从静止变为运动，能量的来源是热量变为动能.

负摩擦阻力的发现使卡皮查获得诺贝尔奖. 卡皮查反复实验低温液氦，废寝忘食，走路头碰上柱子也不觉得痛，怀表当鸡蛋煮也成了家常便饭. 终于，功夫不负有心人，研究出了“液氦喷泉”，获得了1935年的诺贝尔物理奖. 卡皮查的“液氦喷泉”实验，喷泉高度0.1 m. 今天的实验水平提高，可以喷到0.3 m. $1 \times 0.3 \times 9.8 = 3$ J，即负摩擦力要对1 kg液氦做功3 J，液氦就少了3 J的热量（或功）.

“液氦喷泉”产生了一个热力循环：负摩擦力让液氦喷高0.3 m，液氦内能减少了3 J（每千克），液氦从0.3 m高度落到液氦

池,这 3 J(每千克) 的机械能又转化为液氦的内能. 液氦从 0. 3 m 的高度落到液氦池,实际是可以冲击水轮机带动发电机向外输出电力的. 那么,液氦的内能就减少了3 J(每千克),需要向外界吸收 3 J 的热量来补充能量,才能保持周而复始的永动下去.

凡是让物体产生运动必须有力的作用,没有力的作用任何宏观物体都不能产生运动,这就是牛顿的惯性定律."液氦喷泉"的流动、水的流动、机械零件的运动,火车、轮船、火箭的运动,都依据牛顿惯性定律,按牛顿惯性定律去计算丝毫无差,牛顿惯性定律计算地球、月球的运动,预测 100 年的日食、月食也极为准确. 但牛顿惯性定律无法计算电子、光子、中微子的运动.

用牛顿惯性定律去计算"液氦喷泉"的流动阻力, 阻力是负数.

第二节　吸热不增熵,地地道道的永动机理论

气体分子运动论得出很多重要结论,它与宏观地研究气体热力学吻合,这证实了物理理论对实践的指导作用. 宏观结论是最重要的,微观理论要为宏观结论服务.

我们总认为,气体流动,湍流时摩擦损耗大,而实际上,气体在缩放喷管中高速流动,摩擦损耗几乎等于零. 实际测量数据是如此,笔者实验也是如此.

对照笔者著作提出的众多的实例可以对气体分子运动论加以充实,让气体分子运动论可以解释众多的刚认识的宏观现象.

第八章　气体通过绝热气柱的问题

专利申请公布号 CN103161510A，申请公布日 2013.06.19，发明名称《让气体过程功 $dw > pdv$ 的透平装置》在29卷25号专利公报上予以公布，以气体的热力图、表为依据，得出温度不变时，压力越大焓越小. 一些气体在 10 个大气压、100 个大气压、1 000 个大气压以下制出热力图、表. 10 000 个大气压，1 000 000 个大气压以内是否也"压力越大，温度不变，焓越小"，没有实验数据，也永远得不到完整的实验数据，因为压力是无限的，实验无法做到无限. 第二个值得商讨的是物体的比重（密度），以不大于金子的比重（密度）为前提. 但是，这前提是否成立有问题.

由于热力学第二定律在人们的头脑中无限强大，为了使热力学第二定律成立，可以规定"压力足够大时温度不变，焓会随着压力增大"，还可以规定在地球上也能产生"中子星、白矮星那样密度大得不得了的物质". 为此，就讨论常压下，气体通过绝热气柱的问题.

气体进入绝热气柱，从高处流出（高处不流出，气体进不去，不提高进气压力），这个时候，在气体内部传热，让气柱各处的温度一致，如此成了等温气柱. 等温气柱在 35 000 m 高处有压力存在，可以流向低压（可以向外界流出气体）. 于是进气压力不变，气体也流动了. 如此，气体流动而焓仍不够让气体从 35 000 m 流出，只能有少量气体从35 000 m处流出，大量气体焓耗尽而变成液体. 理论上可以让气柱从高处向低处吸热，让"绝热气柱"成为"等温气柱"，而在技术上怎样做，则是另外一件事，理论讲通，这是首要的. 气体旋涡，气体从周边进，从中心流出，也应当在流动，而不是一个在中心流不出的旋涡,也要通过技术措施,这种技术措施很多,要通过实验去实现、选择.

总体认为,地球是个球,于是,才可以组织哥伦布船队往西航行寻找东方,没找到东方,也发现了新大陆,这比起原先只是到东方的目的,意义更重大,成果更丰富. 因为总体的"地圆论"正确,而后麦哲伦终于完成了环球行.

第一节　有关高中的公理化热力学内容

糖溶液在水中扩散,按波尔兹曼熵定义,熵增大了. 半透膜让糖溶液中的水渗出,糖溶液浓度加大,这是熵减,需要加入机械能(如压力差或电透析等). 在绝热的条件下,机械能可以让熵减少吗?$\int_{1-2}\frac{\mathrm{d}q}{T}$是可逆过程,唯有放出热量才可实现熵减,加入机械能,不能让熵减少. 而事实上,压力差(这个机械能)让糖溶液与水的熵(波尔兹曼熵)减小.

热电偶及半导体制冷片都是利用"电流带走熵流"的原理. 随便利用百度,找一本工科的物理方向的书或是翻看半导体制冷片厂家的说明书,都可以查到"电流带走热量"的原理. 请问,我们测量电流,能测出这个电流是否带走熵流,哪个电流没带走熵流吗?有这种测电流的仪器吗?电流带走热量,这不正是典型的如同发功、隔墙击人的伪科学吗?

低温物体的热量消失了,确是事实,怎样科学解释热量消失了?解释半导体制冷片的逆过程发电,本书讲清楚了. 用电流带走熵流,则是把伪科学引进物理.

第九章　热电偶的“电流带走熵流”，现代物理的讨论

热电偶的电热效应与热电效应很微弱，而与热电偶同样原理的半导体的热电效应与电热效应就很显著. 工业产品有半导体制冷片，用于制冷，也用于温差下的发电.

以下只讨论热电偶的电热效应与热电效应，对半导体同样适用.

如图 9.1 所示，导线 A，B 的两节点在两个温度环境中产生电动势，构成回路产生电流.

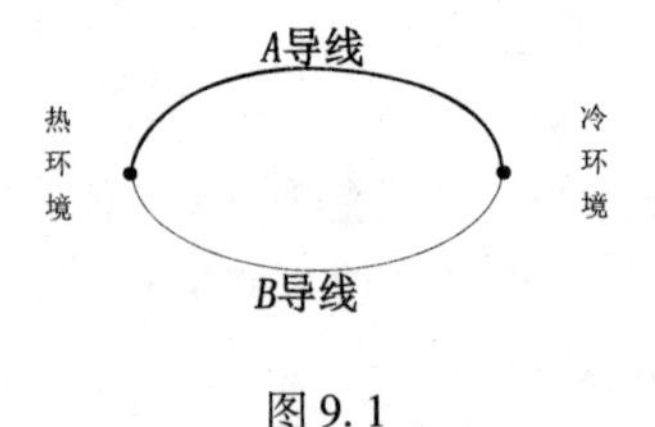

图 9.1

如图 9.2 所示，串联进 C 导线并不在我们本书考虑的范围，有兴趣的读者可进行实验.

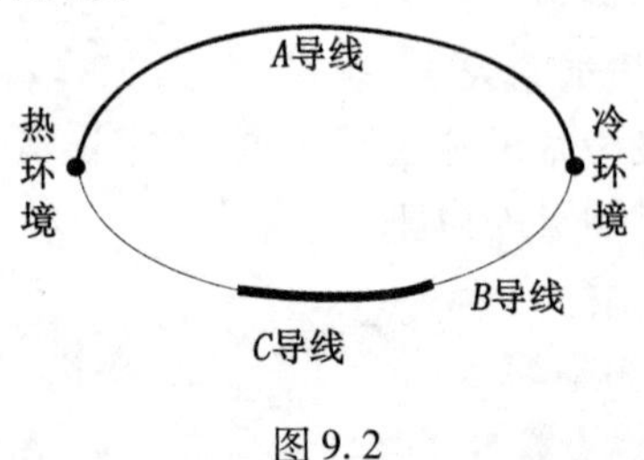

图 9.2

回路中串联一段 C 导线,只要 C 导线两节上的温度不变,不影响性能.

如图 9. 3 形式的串联,我作过实验,与书中介绍的一样,回路中串联一段 C 导线,只要 C 导线两节上的温度不变,不影响性能.

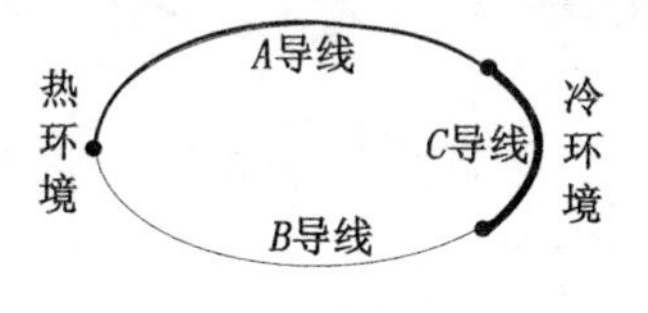

图 9. 3

制冷原理如图 9. 4 所示.

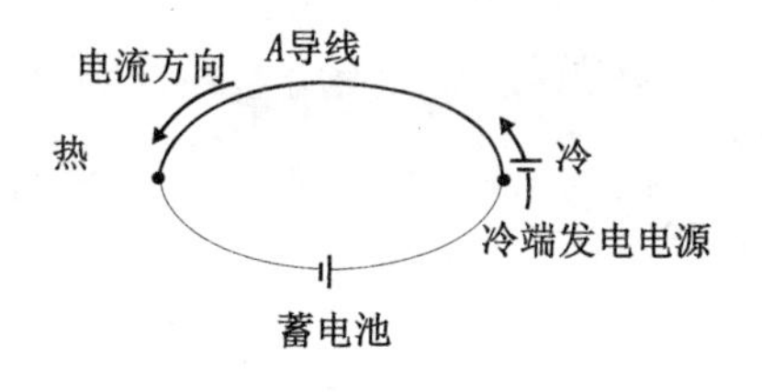

图 9. 4

电热效应可以制冷,也可以当热泵使用. 电源产生电流,热端变热,冷端变冷,热端是电的热效应,冷端是什么效应呢?电流不可能与热量中和而消失,这违背能量守恒,电流也不能带走热量,即所谓的"电流带走熵流". 而事实出现了冷端,那只能是冷端变成了一个电源,它依靠吸热发电,把能量输给热端.

主导电源的电能来自提供电热效应的蓄电池. 实际测量,蓄电池提供 1 kJ 能量,热端产生 2 kJ 热量,那么,冷端的电源提供 1 kJ 电量.

这种热泵或制冷设备的热效率与卡诺循环热效率风马牛不相及!

发电原理及热电效应如图 9. 5 所示.

有冷端、热端(即环境有两个热源),回路产生电流,用电器串

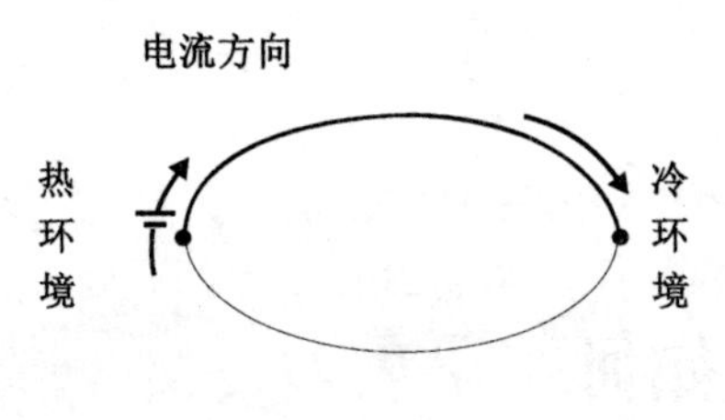

图 9.5

联在回路中,就可以提供电力.

这是热电效应所提供的电源.冷端是发热的,需不断由环境的冷源给予不断地冷却,所以,冷端不可能发电(无能量来源).那么是热端在发电,吸收环境的热量,产生电流,电流通过冷端,发热损失一部分电量,通过用电器做有效功.整个回路热端吸热 Q J,就发出电量 Q_1 J.冷端电热效应 Q_2 J,到用电器的有效功为(Q_1-Q_2)J,热效率为$\frac{Q_1-Q_2}{Q_1}$,它与卡诺热效率 $1-\frac{T_2}{T_1}$ 没有丝毫的关联.

第十章　如何看待热力学史上的“热质说”

物理理论对工程技术的指导作用巨大.牛顿力学所导致的计算就发展了高速机械(如纺织机、印刷机).电磁学的理论、电磁波的理论产生了电气设备及电磁波通讯,等等.通常,物理理论被誉为是科学界的领头科学,毫无夸张.

从纽卡门,瓦特开始,蒸汽机大规模使用于工业,已产生巨大社会变革的时候,物理学理论中的热力学基础理论还处于“热质说”的愚昧中!

“热质说”的热质是什么?我不懂,我也懂不进去.我懂不进去的东西还有很多,中国功夫的功,我不懂;发功气场的场,我不懂;我还有个不懂,就是物理教授的“电流带走熵流”.20世纪70年代,“文化大革命”还未结束,我就学完了温州市图书馆中热力学方面的所有教科书及资料,到现在为止,又学了数十本当今的教材.

我会讲正统的“带走熵流”是介质带走热量.空调、电冰箱、空气能热水器,这些东西都是靠介质(一般是氟利昂)在流动,高温氟利昂在高温处放热,低温氟利昂在低温处吸热.低温氟利昂在低温处吸热,就在低温环境带走熵流.氟利昂在流动的循环中,温度是可以测量的,通过测量,可得知带走多少熵流.而“电流带走熵流”,电流当然是可以测量的,而电流中的“熵流”你能测吗?或者,你能测量电流中带走的热量吗?

第十一章　等温气柱,气柱的重心,高度计算及意义

如图 11.1 所示,气柱截面积为$\iint \mathrm{d}x\mathrm{d}y = 1\ \mathrm{m}^2$,高0 m处的压力为$P_0$,气柱各处的温度为$T_z$,气柱高度 Z m 处的压力为

$$P_z = P_0 \mathrm{e}^{-\frac{gz}{RT}}$$

气柱重心高度坐标为

$$Z = \frac{1}{M}\iiint z\rho(x \cdot y \cdot z)\,\mathrm{d}x\mathrm{d}y\mathrm{d}z$$

密度 $\rho(x \cdot y \cdot z)$ 只与 Z 有关

$$P_z = \frac{1}{V_z} = \frac{P_z}{RT} = \frac{1}{RT}P_0\mathrm{e}^{\frac{-gz}{RT}}$$

当 $z \to \infty$时,$M = P_0 \times$ 气柱截面积 $= P_0$. 于是

$$\underline{Z} = \frac{P_0}{P_0 \cdot RT} \cdot \int_0^{\infty} z\mathrm{e}^{\frac{-gz}{RT}}\mathrm{d}z = \frac{g}{RT}\left(\frac{RT}{g}\right)^2 \cdot \mathrm{e}^{\frac{-gz}{RT}}\left(\frac{-gz}{RT} - 1\right)\Big|_0^{z\to\infty}$$

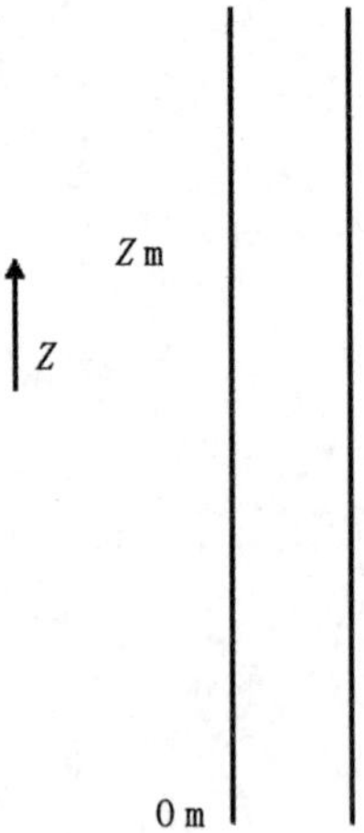

Z m

Z

0 m

图 11.1

其中,用了定积分的公式

$$\int x\mathrm{e}^{ax}\mathrm{d}x = \frac{\mathrm{e}^{ax}}{a^2}(ax - 1)$$

当 Z 趋于无穷时,$\frac{gz}{\mathrm{e}^{\frac{gz}{RT}}}$趋于0得$\underline{Z} = \frac{RT}{g}$,温度升高1 K,重心升高$\frac{R}{g}$.

求等温气柱的比热容量

$$\Delta Q = \Delta u + \Delta w$$

$$\Delta w = \Delta z \cdot g = R\Delta T$$

$$\frac{\Delta Q}{\Delta T} = \frac{\Delta u}{\Delta T} + \frac{R\Delta T}{\Delta T}$$

$$\frac{\Delta Q}{\Delta T} = c_V + R$$

$$\frac{\Delta Q}{\Delta T} = c_P$$

所以,等温气柱的比热容量就是等压比热容量. 这说明,这种重力场中的吸热膨胀是可逆等压膨胀. 气柱的气体上升是“常序上升”.

第十二章　利用数学计算得出关于等截面管流速变化的结论:没有流动阻力的绝热流动也不一定是等熵的

1. 首先我们讨论绝热流动.

如图 12.1 所示的气体在等截面管道中流动,一般的,各截面的流速不改变. 若有流动的摩擦阻力,则压力向着流动方向下降,比体增大,$V_2 > V_1$,因为是等截面管道,有$\frac{V_1}{A_1} = \frac{V_2}{A_2}$.

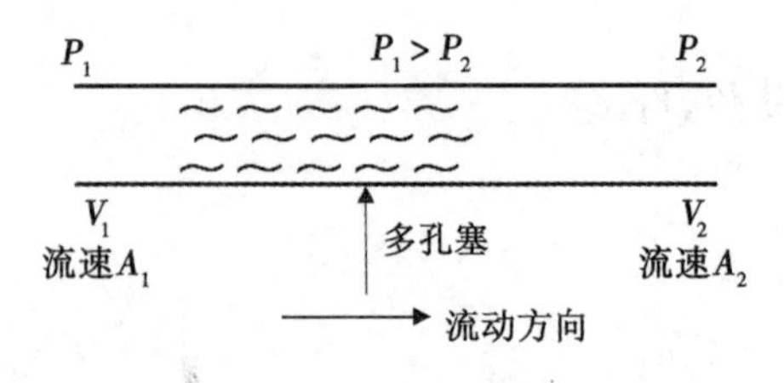

图 12.1

已知 P_1, V_1, T_1, A_1,测量了 A_2,就知道了 V_2,可得出方程而求得 P_2, T_2

$$P_2 V_2 = RT_2 \tag{12-1}$$

$$h_1 - h_2 = \frac{1}{2}(A_2^2 - A_1^2) \tag{12-2}$$

式(12-1)是状态方程,未知数是 P_2, T_2. 式(12-2)是能量守恒方程,未知数是 h_2,$h_2 = F(P_2, T_2)$,所以未知数也是 P_2, T_2.

于是,由方程(1),(2) 联立可求得 P_2, T_2. 由这种流动,可断定是增熵的,通过多孔塞的摩擦,而增熵.

2. 没有多孔塞,流速增大的示图与讨论.

如图 12.2 所示,气体往下流动,由重力的作用,可以让流速增大. 令 $P_1 > P_2$ 可得到.

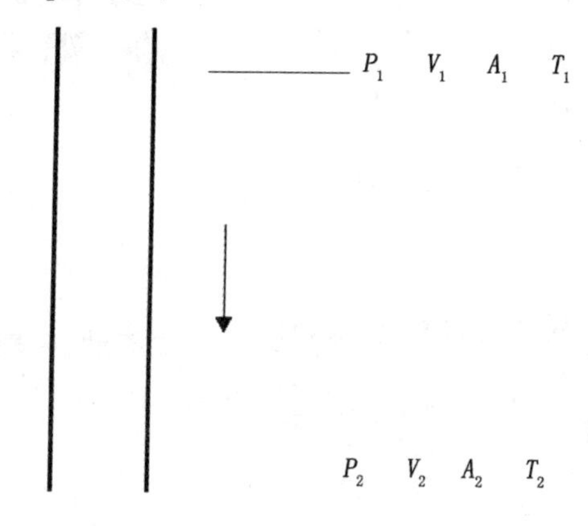

图 12.2

我们测得 P_1, V_1, A_1, T_1 的数据. 下降 L m 的截面测得为 A_2,知道了 V_2,那么,也如同前面的方法,列出方程

$$P_2 V_1 = RT_2 \tag{12-3}$$

$$h_1 - h_2 = \frac{1}{2}(A_2^2 - A_1^2) - Lg \tag{12-4}$$

求得 P_2, T_2.

这种绝热流动,没有摩擦阻力,应当看成绝热等熵流动,那么还有方程

$$\frac{V_2}{V_1} = \left(\frac{P_1}{P_2}\right)^{\frac{1}{K}} \tag{12-5}$$

由方程(12-3),(12-4) 得出 P_2,它不满足方程(12-5).

所以,这种流动不是绝热等熵流动,不是绝热增熵流动,那么,似乎唯有绝热减熵流动了.

但是本书讨论气体在气柱中流动，有“甲序上升”超可逆的，有“乙序上升”不可逆的，都是没有流动阻力的. 本书还讨论了气体流动，出现 $dw > pdv$ 的现象，所以，要具体地对公式求解.

式(12－4)变为

$$1\,005(T_1 - T_2) = \frac{1}{2}A_1^2\left[\left(\frac{V_2}{V_1}\right)^2 - 1\right] - Lg \qquad (12-6)$$

将 $T_2 = \frac{P_2V_1}{R}$ 代入式(12－6)有

$$P_2 = \frac{V_1 \cdot P_1}{V_2} - \frac{1}{2\,010}\frac{R}{V_2} \cdot A_1^2\left[\left(\frac{V_2}{V_1}\right)^2 - 1\right] + \frac{RLg}{1\,005V_2} \qquad (12-7)$$

与可逆等熵过程到达的 P_2 比较，有

$$\overline{P_2} = \left(\frac{V_1}{V_2}\right)^K P_1$$

若 $P_2 > \overline{P_2}$，则这种没有摩擦的绝热流动是增熵的；若是 $P_2 < \overline{P_2}$，则这种没有摩擦的绝热流动是减熵的. 式(12－7)第二项是负数，当 A 很小时(可以为零)，这项可以不计. 于是因为 $\frac{V_1}{V_2}P_1 > \left(\frac{V_1}{V_2}\right)^K P_1$，就有 $P_2 > \overline{P_2}$. 所以，当 A_1 很小时，这种没有摩擦的绝热流动是绝热增熵的.

再看式(12－7)的第二项，当 A 很大时，值会很大，而让 P_2 减小，可让 $P_2 < \overline{P_2}$，这就成减熵了. 遗憾的是，笔者才疏学浅，无法计算出 $P_2 < \overline{P_2}$. 因为，A_1 增大，气体下降 L m 之后，流速增大的比值 $\frac{A_2}{A_1}$ 已很小，导致 $\left(\frac{V_2}{V_2}\right)^2 - 1$ 接近于零.

以上论述未能得出“绝热减熵”的结论，但指出了一个同样惊人的结论：气体在管道中，在绝热条件下流动，当没有摩擦阻力时，也不一定是等熵的！

资料(1)用另外的方法计算，得出了气体往下绝热流动，产生

绝热减熵的情况.

在此也可以计算出绝热减熵的情况.

计算出 $P_2 < \overline{P_2}$ 也很容易. 由 $A_1 = 1\ 000$ m/s, $A_2 = 1\ 100$ m/s 时，于是在

$$\frac{V_2}{V_1} = \frac{1\ 100}{1\ 000} = 1.1, V_2 = 1.1\ V_1 = \frac{1.1RT_1}{P_1} \qquad (12-8)$$

时，由 $T_1 = 300$ K, $R = 287$ 得

$$V_2 = \frac{1.1 \times 287 \times 300}{P_1}$$

流速从 1 000 m/s 增至 1 100 m/s，可计算下降距离 L，不计气体膨胀功，有 $Lg - \frac{1}{2}(1\ 100^2 - 1\ 000^2)$, $g = 10$ N/kg，得 $L = 10\ 500$ m.

计气体膨胀功，则

$$Lg = \frac{1}{2}(1\ 100^2 - 1\ 000^2) - \frac{K}{K-1}RT_1\left[1 - \left(\frac{V_1}{V_2}\right)^{K-1}\right]$$
$$= 10\ 500 - 11\ 272$$

得

$$L = 9\ 378 \qquad (12-9)$$

将式(12－8)，(12－9)代入式(12－7)，有

$$P_2 = \frac{V_1}{V_2}P_1 - \frac{287 \times 1\ 000 \times 1\ 000 \times 0.21}{290 \times 1.1 \times 287 \times 300}P_1 + \frac{287 \times 9\ 378 \times 10}{1\ 005 \times 1.1 \times 300}P_1$$
$$= 0.909\ 0\ P_1 - 0.316\ P_1 + 0.282\ 7 = 0.875\ P_1 = \overline{P_2} \qquad (12-10)$$

则

$$\overline{P_2} = \left(\frac{V_1}{V_2}\right)^K P_1 = 0.909\ 0^{1.4} = 0.875$$

这是等熵流动.

如果让条件略微改变，温度为 $T = 150$ K，则式(12－10)中的第二项，第三项都大了一半，则得到 $P_2 = 0.909\ 0\ P_1 - 0.632\ P_1 + 0.565\ P_1 = 0.842\ P_1$，就有 $P_2 < \overline{P_2}$，是绝热减熵了.

第十三章　公理化热力学教程精要

第一节　功、热量、内能及热力学第一定律

功,在力的作用下移动的距离,即 $w = fs$;功可以让重物升高;功,物体的动能;功,还指电功. 在热力学中,功指的是这些可以互相转变为动能、势能、电能、轴功的能量. 机械能的功、动能、势能、电能等的转换,是可逆过程,即:1 kJ 功转化为 1 kJ 动能;1 kJ 动能转化为 1 kJ 势能,等等. 以后把这些可逆转化为动能的机械能(势能、电能等) 都称作功 w.

煤炭、石油燃烧产生热量;地球变暖,海水、大气的内能增加. 热力学中,热量与内能没有实质的区别,而功与内能、热量有实质的区别.

功转变为热量或物体的内能很容易,如摩擦生热、电流通过电阻. 而让热量或内能转变为功很困难,在瓦特发明蒸汽机之前是不可能的事. (注意:我国古代已有大量的热转变为功的事例,但都不属于工业利用)

当今大规模实现热量及内能转变为功主要有两种方式:一是气体在气缸、活塞构成的容器中推动活塞做功;二是气体通过喷射,产生动能;其他方式还有半导体制冷片、热电偶探头产生的电流带动仪表、双金属片冷热变化的变形带动控制元件.

气体在气缸、活塞构成的容器中推动活塞做功推导出 $\mathrm{d}w = p\mathrm{d}v$,即功等于压强乘体积的增量, 一般会有摩擦损失(功变为热),所以有不等式 $\mathrm{d}w < p\mathrm{d}v$.

热力学第一定律是能量守恒定律，它是说，一定质量的（本书就指 1 kg）物体，它吸收的热等于内能的增量加对外做功，写成微分式是 $dq = du + dw$. 如果，将 $dw \leqslant pdv$ 代入，则有 $dq \leqslant du + pdv$. 你会奇怪，能量守恒定律写成不等式，其实不必奇怪，也是等式. 如同 $3 < 5$，你写 $3 = 3$ 就是等式了. 这里 pdv 因摩擦损失，如20% 变为热量，那么，功 $dw = 0.8\ pdv$，此情况下的能量守恒定律就是 $dq - du = 0.8\ pdv$. 这就符合我们习惯的守恒定律必用等号了.

现在，我们就把热力学第一定律写成 $dq = du + dw$，这是放之四海而皆准的公式. 而写成 $dq \leqslant du + pdv$ 依刚才的例子适用于气体在气缸、活塞构成的容器中推动活塞做功的讨论.

第二节　可逆过程、热力学第二定律的推导及熵

一、可逆过程

热力学是科学，是纯科学意义上的科学. 这种真正意义上的科学名词切忌用哲学语言定义. 定义可逆过程：过程没摩擦，传热无温差，这是当今最进步的定义了. 公理化热力学定义可逆过程：过程功 $dw = pdv$，且传热无温差，这是全数学化定义. 数学化定义了可逆过程，才让传统热力学进步到公理化热力学. 举例：动能可以转换为势能，势能也可转换为动能，并且是等量转换，即 1 kJ 动能转化为 1 kJ 势能，就叫可逆转换，是可逆过程. 定义过程功 $dw = pdv$ 是热能、内能与功的可逆转换. 注意了：1 kJ 内能、热能转变为 1 kJ 功，这不一定是可逆转换，因为由热力学第一定律，这种转换必然是定量关系的. 传统热力学的可逆过程，过程功 $dw = pdv$. 不可逆过程的过程功 dw 不等于 pdv. 所以，若过程功 $dw = pdv$，就认定它是可逆过程. 公理化热力学依据此而定义可逆过程.

二、热力学第二定律

热力学第一定律 $\mathrm{d}q \leqslant \mathrm{d}u + p\mathrm{d}v$，可逆过程用等号，不可逆过程用不等号. $\mathrm{d}q \leqslant \mathrm{d}u + p\mathrm{d}v$ 的两端除以温度 T 得 $\mathrm{d}q/T \leqslant \mathrm{d}u/T + p\mathrm{d}v/T$，可逆过程用等号，不可逆过程用不等号. 这已是热力学第二定律的数学表达式，因为凭此，可立即得出熵增定律. 热力学第二定律就这么简单地被推导出来. 严格的论述，参见资料(1).

三、熵

$\mathrm{d}q/T$，可逆过程叫微熵，记作 $\mathrm{d}s$，微熵 $\mathrm{d}s$ 的定积分定义了熵. 可逆过程 $\mathrm{d}q/T = \mathrm{d}u/T + p\mathrm{d}v/T$ 就是可逆过程 $\mathrm{d}q/T = \mathrm{d}s$，$\mathrm{d}s = \mathrm{d}u/T + p\mathrm{d}v/T$，而 $\mathrm{d}u/T + p\mathrm{d}v/T$ 都是状态量，与过程可逆、不可逆无关，所以 $\mathrm{d}s = \mathrm{d}u/T + p\mathrm{d}v/T$ 也与过程无关，即“微熵是状态量”. 注意：我用了引号，指“微熵是状态量”是我自造的词，科学上没有这个术语，只是为方便理解，有利于进一步学习公理化热力学. 资料(1)中有多种证法可立即推导熵是状态函数进而推导出卡诺循环效率等热力学第二定律的各种文字表述. 熵是状态函数，就是说，物质，其温度、体积决定了熵的值. 熵是物体的一个状态值.

热力学第二定律的数学表达式 $\mathrm{d}q/T \leqslant \mathrm{d}u/T + p\mathrm{d}v/T$ 就是 $\mathrm{d}q/T \leqslant \mathrm{d}s$.

当 $\mathrm{d}q = 0$ 时，总有 $0 \leqslant \mathrm{d}s$，这就是著名的熵增定律. 真正的热力学第二定律的数学表达式，仍然要以积分式 $\int_{1-2} \frac{\mathrm{d}q}{T} \leqslant S_2 - S_1$ 为准（包括 $\oint \frac{\mathrm{d}q}{T} \leqslant 0$）.

第三节　传统热力学

大学生学了热力学第一定律、热力学第二定律、熵、熵增原理，基本上就已经学习了传统热学的全部了.

工程热力学为当今的热能动力服务. 汽车的发动机是“气缸活塞”，而更大规模的热能动力是火力发电、原子能发电. 火箭发动机、飞机发动机不是“气缸活塞”，是气体流动. 所以，还要研究气体流动的基础知识才算是传统热力学的全部.

用力学的规律讨论“气缸活塞”，我们得出 $dw = pdv$. 而气体流动，气体的“动能” 增大，这种气体做功，我们无法也用力学规律得出过程功 $dw = pdv$(过去，只是凭想当然有 $dw = pdv$). 公理化热力学，首先是依靠气体在缩放喷管中流动这个实验得出结论：低于声速；缩放喷管截面缩小；超过声速，缩放喷管截面扩大. 这种缩放喷管，在喉部，其流速为声速，其压力是气源压力的0. 528倍(理想气体). 以此实验为基础，运用数学运算得知：气体流动所做的过程功也是 $dw = pdv$.

用准静态、平衡态、无摩擦发热损失来讨论“气缸活塞”，过程功 $dw = pdv$ 是可逆过程，于是很多专家、学者就误认为可逆过程一定是准静态过程，一定是无摩擦损失的. 而气体流动的实验告诉我们：气体流动，摩擦损失很大，且不是准静态过程，而其过程功也是 $dw = pdv$，并且符合度高达99. 9%. 通常，气体流动是绝热等熵过程，专业学者称绝热等熵过程是可逆过程. 这就明确地告诉大家，气体流动有摩擦损失，非准静态，但却是可逆过程. 实际测它的过程功为 $dw = 0.999pdv$. 所以，过程功 $dw = pdv$ 定义可逆过程才是科学定义. 马克思主义的创始人马克思、恩格斯有很多科学论述，认为数学进入某学科，这门学科才会成熟. 公理化热力学对可逆过程的定义 $dw = pdv$，就是实现了定义的数学化，拒绝了这个科学名词定义的哲学化.

按物理学定义,可逆过程一定是准静态过程;按严家录定义,可逆过程一定是无摩擦的. 我们研究了气体流动才知道,这两种认识是错误的,这表现了可逆过程的数学定义 $\mathrm{d}w = p\mathrm{d}v$ 的先进性.

第四节 北京大学王竹溪、刘玉鑫指出:除体积功 $p\mathrm{d}v$ 还有功 A 的推理及实验

一、除体积功 $p\mathrm{d}v$ 还有功 A

如此,有 $\mathrm{d}w = p\mathrm{d}v + A$(举例 $\mathrm{d}v > 0$:$A = 0.2p\mathrm{d}v$),将其代入热力学第一定律,得 $\mathrm{d}q > \mathrm{d}u + p\mathrm{d}v$,两端除以温度 T 得 $\mathrm{d}q/T > \mathrm{d}u/T + p\mathrm{d}v/T$,这就是对立于熵增定律的熵减了. 绝热时,$\mathrm{d}q = 0$,$\mathrm{d}s < 0$.

这个实验证实,气体不需冷却,内能耗尽可液化成低温液体,唯有绝热减熵才能做到.

由 $\mathrm{d}q/T > \mathrm{d}s$,可以再看一个实例,即热电偶的探头. 探头在炉腔内吸热,产生电流. 而探头被一个均匀的温度所包围,是不能散热的,探头吸热不放热,所以 $\mathrm{d}q/T > 0$. 另一方面,探头在炉腔中长时间放置,温度、体积都不变化了,其熵也不变化了,即 $\mathrm{d}s = 0$. 这就得出结论 $\mathrm{d}q/T > \mathrm{d}s$.

$\mathrm{d}q/T > \mathrm{d}s$ 可以应用在大规模发电的热能动力设备中,于是,向大家介绍我的实验:气体旋涡风洞实验.

二、对气体旋涡绝热减熵的强大动力装置作一介绍

先讲水的旋涡. 抽水马桶一冲,水就形成旋涡,要让水的旋涡中心流速达到1 000 m/s,也容易做到,只需让周边压力达到5 000个大气压即可(中心压力为1个大气压). 周边进水的能量是 PV,P 是水的压力,V 是1 kg水的体积,PV 是进入每千克水的能量,即机械能.

中心的水以1 000 m/s 流出产生动能,动能很大,那么进入能

量 PV 很大(水是不可压缩流体,压力 P 增大,PV 可以增至任意大). 每千克水进入与流出的机械能是相等的.

再看气体. 让气体旋涡的中心气体流速达 1 000 m/s,旋涡的力学规律"动量矩守恒"可以做到. 而进入气体旋涡的能量有限(任何气体,当温度不变时,焓不能增大,压力再增大,焓不增大,这在各种气体的图、表中可以清楚看到). 这就让旋涡中心的气体达不到所要求的流速,周边气体在压力作用下不断进入旋涡,中心气体不能离开旋涡,由于旋涡体积有限,不能存下无限质量的空气,怎么办?唯有一种选择:中心气体流速增大,内能耗尽,变成液体抛向外周,于是外周的空气就以这部分液化气体的吸热代替进气.

第五节　气体不需冷却全部液化而做发出强大动力的动力机械的原理说明

我用文字指导,请读者想象一个图:一根管子,很高,有 40 000 m 的高度,底下压进流体;让一个活塞升高,活塞的重量产生的压强为 0.2 个大气压.

若流体是水,水压进管子,活塞升高 40 000 m,压强为 4 000 个大气压.

若流体是空气,空气压进管子,活塞已升不到 40 000 m,因为空气的焓全部变为势能也不够活塞升高到 40 000 m. 空气在顶部的压强是 0.2 个大气压,在底部的压强是多少呢?因为空气的密度一般只是水的密度的数百分之一到数千分之一,所以,压强是水柱压强 4 000 个大气压的数百分之一到数千分之一,为 40 个大气压到 4 个大气压.

我用气体旋涡风洞实验测得的压强为 2.7 个大气压,也就得出空气在底部的压强 2.7 个大气压.

旋涡实验可以用科普地讲解. 水的旋涡,水从外周进入,从中心流出. 外周压强为4 000个大气压,中心压强为0.2个大气压,中心流速为900 m/s. 这个旋涡,外周半径为1.1 m,内周半径为0.11 m,外周流速是90 m/s,中心流速是900 m/s.

同样的,我们设计了气体旋涡的实验. 实测外周压强2.7个大气压,内周压强0.2个大气压,外周流速100 m/s,内周流速达不到1 000 m/s,气体已全部液化,抛向外周.

制造这样的气体旋涡所做出的功是给每千克气体100 J的动能,得到的功为每千克气体500 J的动能的一半就是强大动力了.

气体液化、抛向外周、吸热、又到中心液化、又被抛向外周吸热,永远是吸热做功,不需放热.

第六节　补充(焓的知识、牛顿力学)

一、工程热力学中的焓

中小学生使用的新华字典中有焓,而有些物理教授竟不知焓在工程实践中的真实用途. 化学反应应用焓,可是,你看那地下工厂、黑作坊全不用焓而制造出惟妙惟肖的化学产品. 焓,是数据,在工程热力学的书籍中都印着这些图、表:焓熵图、压焓图,等等. 你要制造或改装空调、供热等,必用这些图、表. 甚至某些技术工人也要用这些焓的数据. 所以,我们接下来从工程热力学的角度讲焓.

一个四方形的容器,连着进气管、排气管,此容器没有向外界吸热、放热,吸收功、传出功. 从能量守恒角度讲,进入1 kg气体,排出1 kg气体,稳定流动. 进入1 kg气体的能量:内能;动能;推进功. 排出1 kg气体的能量:内能;动能;推进功. 进入1 kg气体的能量等于排出1 kg气体的能量,这是能量守恒定律.

推进功等于pv,p为压强,v是比体. 1 kg气体,用推力推进四方形的容器中,推力所做的功为pv. 同样,这1 kg气体离开容器,也得

施加推进功 pv. 当然,进气的 p,v 与出气的 p,v 是不同的数据. 1 kg 气体的内能,记作 u. $u+pv$ 就是焓. 这时,进气焓减去出气焓,就是动能的增量.

由焓熵图、压焓图等得知,气体的焓在温度不变时,随压力增大而减少. 并且,焓总是有限值.

当气体的焓(焓总是有限值) 温度不变时,随压力增大而减少. 特别指出这一点是为区别于液体. 液体,作为不可压缩流体,其焓就是推进功 pv,压力 p 无限增大,pv 就跟着无限增大. 如此性质区别,才有液体旋涡与气体旋涡的实质性区别.

三、牛顿力学

中国古代力学包括了力气,非科学成分很重. 利玛窦,徐光启将《几何原本》传播到中国,接着,西方生产力突飞猛进,赶超了中国.《几何原本》是理性的范本,使人们从古代力学进入牛顿力学. 牛顿力学中理论推导的结论必须是实验的结果. 今天的任何机械:动车、汽车、轮船、大炮、火箭 …… 的运动完全按牛顿力学计算. 物理教学中的气体分子的运动也按牛顿力学计算,产生气体分子运动理论. 公理化热力学就是运用牛顿力学对“气缸活塞” 做功的讨论,产生传统热力学的全部.

牛顿力学预测机械工程,准确率达 100%. 利用公理化热力学的实验:气体旋涡风洞实验,准确率也达 100% ,成功了. 气体不用冷却,焓全部变为动能,工程意义巨大.

第十四章　关于气体流动做功的几个模型的讲解

第一节　气体在重力场中上升

一、重力，让气体分子运动有序化产生过程功 $w > pdv$

1. 模型的提出.

仍然讨论 1 kg 气体. 1 kg 气体在“活塞气缸”构成的容器中推动活塞做膨胀功(过程功)为 $w = pdv$. 如图 14.1 所示,气缸是直立的,活塞面积为 1 m^2. 1 kg 气体所占的活塞行程为 $\bar{V}$ m(V是比体,$\bar{V}$的数值就是V,单位是m,图 14.1 是夸大的画法). 作用在活塞上的压强为 P,体积膨胀了 ΔV,气体对活塞做功为 $P\Delta V$,活塞行程为$\overline{\Delta V}$,气缸中气体的重心升高了$\frac{1}{2}\ \overline{\Delta V}$,于是克服重力做功为

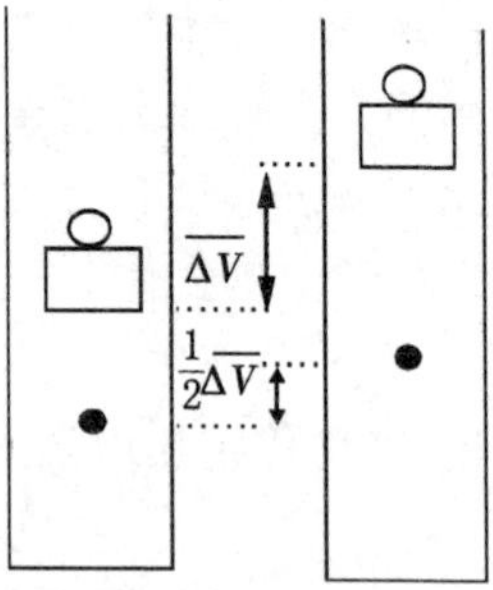

图 14.1

$\frac{1}{2}\ \overline{\Delta V}g$,$g$ 为重力加速度. 因质量 m 是 1 kg,所以 m 不必乘进去,但是量纲要乘进去. 于是,图 14.1 中气体的过程功为 $w = p \cdot \frac{1}{2}g + \frac{1}{2}\ d\overline{V}g$,这就是 $w < pdv$. 因为$\frac{1}{2}gdv > \frac{1}{2}g\ \overline{dv}$.(对照第五章中的

"气杯量筒"及第十一章的讨论).

反之,如图 14.2,活塞是倒置的,类似讨论则有 $w > p\mathrm{d}v$.

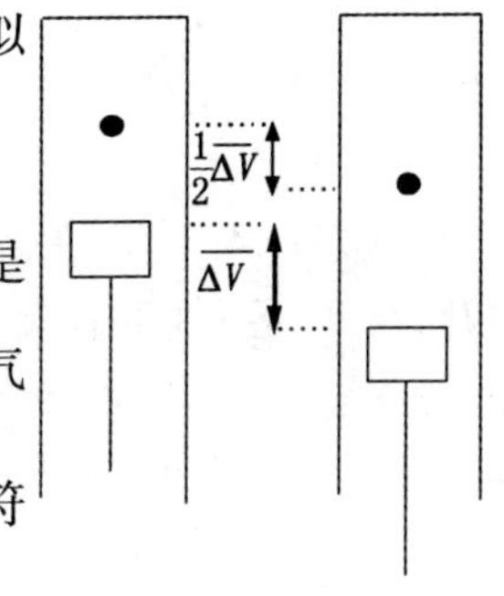

图 14.2

2. 讨论.

(1) 气体在气柱中流动,有 $w > p\mathrm{d}v$,是热力学第二定律的反例,有$\frac{\mathrm{d}q}{T} > S_2 - S_1$. 气柱的气体流动有 $w < p\mathrm{d}v$,则$\frac{\mathrm{d}q}{T} < S_2 - S_1$,符合热力学第二定律.

(2) 一般认为,气体缓慢地流动,准静态过程是可逆过程. 升上去,降下来,看似过程是可逆的,但是在公理化热力学中,可逆过程的定义是 $w = p\mathrm{d}v$. 图 14.3 的气体上升过程是超可逆过程,下降过程是不可逆过程,两者相结合,看似可逆了(按传统热力学的定义,是可逆过程),但已不是公理化热力学本意上的可逆过程的概念了.

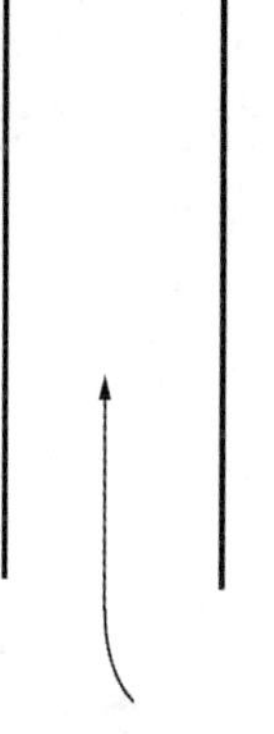

图 14.3

3. 实验检验.

(1) 水蒸气性质介绍. 饱和水蒸气经绝热膨胀会变成湿水蒸气,继续膨胀,湿度越来越大.

饱和水蒸气往高处升,是膨胀,不断有水生成. 焓有限且温度不变的条件下,饱和水蒸气随压力增大而减少. 水蒸气往高升,有一极限高度,超过极限高度,焓不够. 但是,连续流动,进入 1 kg 饱和水蒸气,到极限高度之上有少于 1 kg 气体,这也符合能量守恒,因为 1 kg 气体的焓(能量)给了少量的气体,但随着高度的增加,气体的量是无穷小量. 所以,仅冷却无穷小量的水蒸气变成水,整个循环就可以进行;水蒸气往上升,全部变成水(仅有无穷小量的蒸气需冷却),水如雨般落下做功,水又吸收热量变为蒸气又往上升. 这个过程,因冷却放走的热量无限小，所以有$\oint \frac{\mathrm{d}q}{T} > 0$. 这是第二定律的反例，原因归结为气体上升，$w > p\mathrm{d}v$.

4. 温熵图.

如图 14.4 所示，因为气体往高处升，在绝热条件下有 $w > p\mathrm{d}v$，在温熵图上就是 2 - 3 曲线，不放热减熵. 但是只知道从点 2 到点 3，也许是绝热等熵到 2 - 4 再减熵到点 3.

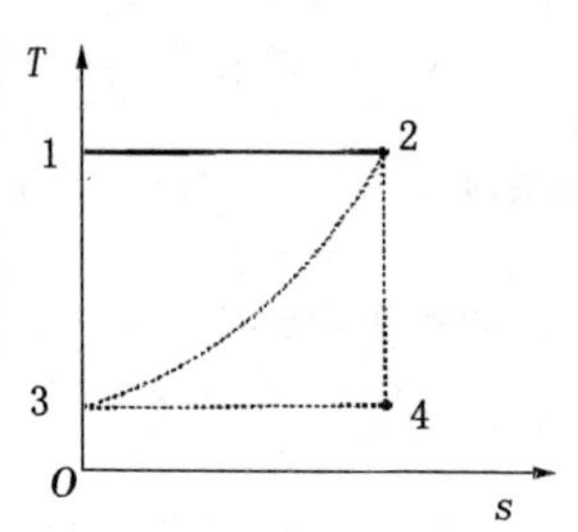

图 14.4

二、关于实验的情况

1. 实验室规模较小，拥有的设备是 45 kW 的压气机、7 kW 的真空机、气体旋涡风洞实验筒、半导体制冷片及热电偶等相应仪器. 已完成的实验有：(1) 热电偶探头，吸热不增熵；(2) 半导体制冷片的冷端（一薄层）吸热不增熵；(3) 气体旋涡（人造龙卷风）测量，外周 2.7 个大气压，中心 0.2 个大气压，这是极大压强比；(4) 对气体在喷管中流动作了大量实验，证实马赫喷射的数据等.

2. 继续实验的目标.

(1) 由于投入力度不足（仅不到 20 万），考虑气体全部液化有可能要走 2 - 4 - 3 线，制造永动机有困难，而未能成功. 2.7 个大气压比 0.2 个大气压的范围要广泛，我的实验未在较大范围出现.

(2) 有可能 2 - 3 线不经过点 4，即气体往高处升，每升高一点都有 $w > p\mathrm{d}v$，那么，实验很容易，外围 1.2 个大气压，中心 1 个大气压，这个旋涡很容易产生，以此，即使造不成永动机，也可以当冷气机，它比普通空调冷气省电至$\frac{1}{10}$.

(3) 使用二氧化碳或氟利昂为工质，它们在常温常压下的焓低，更有利实验.

(4) 目前实验困难:场地窄小,摆放了设备,人员工作场地窄.准备把设备(压气机、真空机)移置二层,即可工作.

(5) 今后持续实验,对外开放,作为公理化热力学的科学教育基地.

三、气体流动产生 $w > pdv$ 的讲叙(引一篇传真)

如图14.5 ~ 14.7所示,"活塞气缸"不是准静态(所以就不一定是 $w = pdv$),活塞快速拉出,如以800 m/s的速度从0.1 m移到10 m,气体的质心从0.05 m移到了5 m,气体获得动能.虽然活塞是"外力拉出"的,实质仍是气体的比体在增大,是气体对外做功,此功是气体的动能,速率约为400 m/s,动能约为 $\frac{1}{2} \times 400 \times 400$ J.还有气体对活塞的压强为 $\bar{p}$,做功为 $\int_1^2 \bar{p}dv$.于是,功为 $\frac{1}{2} \times 400 \times 400 + \int_1^2 \bar{p}dv$,这是否大于 $\int_1^2 pdv$ 仍不得而知(注意:作用在活塞上的压强,准静态时用 p 表示,非准静态时用 $\bar{p}$ 表示),但总算是有了计算方法.这就是气体流动的热力基础.如图14.7所示,气体流动已达到声速,设想有两个活塞,夹着1 kg气体,拉动活塞 B,夹着的气体流速超过了声速.这也是气体对外做功,这时,就有 $w > pdv$.因为,气体膨胀做功,只能在等截面管中产生声速.唯有 $w > pdv$,才能在等截面管中超过声速.如图14.8所示,有 $w > pdv$.

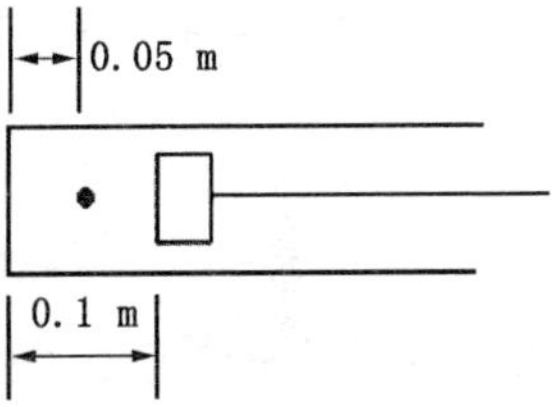

图14.5

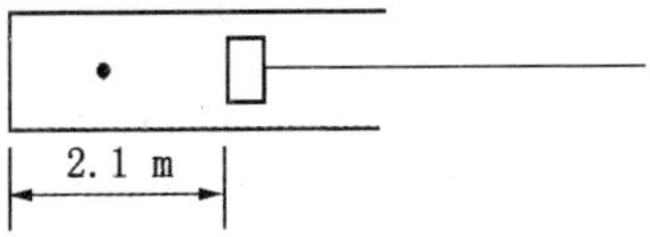

图14.6

透平迎风面前的气流超过声速,是气体从 A 流向 B 不断膨胀的膨胀功产生的,膨胀功 $w = pdv$,只能产生声速,唯有 $w > pdv$ 才

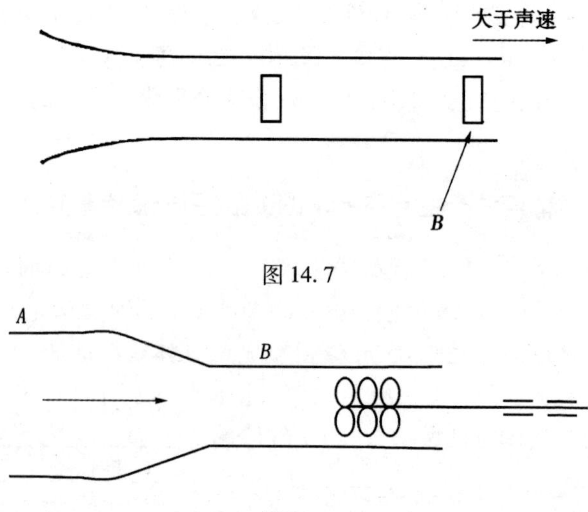

图 14.7

图 14.8

能让 A 到 B 的气体产生超声速.

我们问:空气分子在运动,平均速度超出 300 m/s. 如果出现一个几率,分子运动的方向都指向窗户,则产生巨大的风力. 统计物理指出,此几率是零. 科学巨人是“魔术大师”,快速拉出活塞,气体分子都奔向活塞,气体分子的有序运动实现了!